MOS集積回路の設計・製造と信頼性技術

Technology on MOS Circuit Design, Manufacturing and Reliability

大山英典／中林正和／葉山清輝／江口啓●共著

まえがき

トランジスタ（transistor）と集積回路（IC：integrated circuit）が発明されて半世紀あまりが経過した．主にMOS（metal oxide semiconductor）トランジスタで構成されるICの出現で電子機器の小型化と低価格化が飛躍的に進み，ICが根幹をなす情報，通信システムのインフラが高度情報化社会を導いた．このように，人間生活のあらゆる分野に深く入り込みながら二桁成長を続けた半導体産業は，社会の発展と生活環境の向上に大きく貢献してきた．

一方，ICは，高度でかつ複数の製造技術が要求される多数ユーザー用記憶素子（少品種，大量生産，低価格）から，音声合成や画像処理などの付加機能を持つ特定ユーザー向けシステムLSI（多品種，少量生産，高価格）に移行しつつある．また，ICの超微細化にともなう物性的限界や特性のばらつきが，IC本体のみならず，社会生活と密接に関係する情報通信システム，ひいては社会生活にも致命的打撃を与えかねない．こうした中で，製造ばらつきを最小限に抑えて高性能なICを製造する信頼性技術の確立が必要となる．

半導体技術は，設計，製造，信頼性の各要素技術で支えられ，それら全てを理解することは，従事する技術者や作業者にとって容易なことではない．このような認識から，本書はMOSICの特性と設計，製造技術，並びに信頼性技術をていねいに記述することを念頭においた．

第1章の半導体市場と技術動向，ICの設計，製造，信頼性の現状と課題に続いて，第2，3章では半導体物性，Siデバイスの動作原理とMOSICの設計技術を，4章ではMOSICの製造技術をそれぞれ説明した．設計技術では，基本のディジタルやアナログ回路まで立ち戻り，また，SPICEを用いた回路シミュレーションや製造ばらつきを補正する設計手法も解説した．最後の5章では，半導体デバイスの信頼性評価の概念とあわせて，MOSICの信頼性技術と故障メカニズムを実例にもとづいて，より実用的な視点から記載した．

本書は，MOSIC の設計，製造，信頼性部門の技術者をはじめ，ならびに，大学学部，短期大学，工業高専などの学生諸君を主な読者層としている．まず第1章は大山が，第2章は葉山が，第3章は江口がそれぞれ執筆した．第4章は大山と葉山が担当し，第5章の信頼性技術は実務経験が豊富な中林が記述した．最後に大山が全体の記載内容の整合性を整理した．なお，本書では単位系は国際単位（SI）系を基本としたが，電界やキャリア密度などは通常使われている単位を，記号も通常用いられているものを採用した．

半導体に従事する初心者用参考書や学生の教科書としての利用を念頭においたが，半導体技術全般の理解を深めようとする研究者や半導体関連業種の営業，販売，管理部門担当者にも有益であると念願している．本書の活用で IC の設計，製造，信頼性技術を熟知した人材が育ち，半導体産業がさらに飛躍することを期待している．しかし，著者らの執筆の意図が実現できたかどうかは不安が残り，読者のご叱正とご克容を心からお願いする次第である．

編集に際して，IC の設計，製造に従事されている下記の第一線の技術者の方々から，有益なご助言や製造装置の写真の提供を頂いたことに深く感謝を申し上げます．

九州電子(株) 高山秀昭氏，日本電子データム(株) 末永泰信氏，日本エアーテック(株) 川又亨氏，三菱電機(株) 松村民雄氏，光洋サーモシステム(株) 今堀晃氏，アルバック九州(株) 小田隆一氏，(株)ニコン 亀山雅臣氏，(株)荏原九州 吉田正夫氏，(株)ディスコ 江本俊也氏，キヤノンマシナリー(株) 四至本正之氏，(株)新川 鳥畑稔氏，TOWA(株) 天川剛氏（掲載順）

終りに，執筆の機会を与えられ，編集上でいろいろとお世話になった森北出版(株) 利根川和男氏に感謝致します．

2008年2月

大山英典
中林正和
葉山清輝
江口　啓

目　次

記号表

記　号	名　称
C	静電容量
D	拡散定数
E	エネルギー，電界
E_a	活性化エネルギー
E_{BD}	シリコン酸化膜破壊電界
E_C	伝導帯の下端
E_f	ヤング率
E_F	フェルミ準位
E_i	真性半導体のフェルミ準位
E_V	価電子帯の上端
F	不信頼度
g_m	相互コンダクタンス
h	ディラック定数
I	電流
I_B	ベース電流
I_C	コレクタ電流
I_D	ドレイン電流
I_E	エミッタ電流
I_G	ゲート電流
I_S	逆方向飽和電流
I_{sub}	基板電流
J	電流密度
J_n	電子電流密度
J_N	不純物の移動量
J_p	正孔電流密度
k	誘電率
K	化学反応速度
l	長さ
L	ゲート長
m	形状パラメータ
m_n^*	電子の有効質量
m_o	電子の静止質量
m_{ox}	シリコン酸化膜中の電子の有効質量
m_p^*	正孔の有効質量

記　号	名　称
n	電子密度
N	不純物密度
N_a	アクセプタ密度
N_{cr}	クリープ指数
N_{cy}	サイクル数
N_d	ドナー密度
p	正孔密度
q	電子の電荷
R	抵抗
R_e	信頼度
S	断面積
t	時間
T	絶対温度
t_0	尺度パラメータ
T_e	有効温度
v	速度
V	電圧
V_{BE}	ベース・エミッタ電圧
V_d	拡散電位
V_{DS}	ドレイン・ソース電圧
V_F	順方向バイアス
V_{GS}	ゲート・ソース電圧
V_R	逆方向バイアス
V_{th}	閾値電圧
w	幅
W	ゲート幅
α	ベース接地時電流増幅率
α_a	基板の熱膨張率
α_b	薄膜の膨張率
β	エミッタ接地時電流増幅率
γ	位置パラメータ
ε_f	ひずみ
ε_o	真空の誘電率
ε_{ox}	Si 酸化膜の比誘電率
ε_S	Si の比誘電率

記号表

記　号	名　称	記　号	名　称
κ	ボルツマン定数	σ	伝導率
λ	平均自由行程	σ_f	応力
λ_f	故障率	σ_i	真性応力
μ_n	電子の移動度	σ_{therm}	熱応力
μ_p	正孔の移動度	$\boldsymbol{\Phi}_b$	シリコン酸化膜の障壁高さ
ν	ポアソン比	$\boldsymbol{\Phi}_{it}$	損傷臨界エネルギー
ρ	抵抗率		

1 集積回路の現状と課題

半導体産業の発展経過と現状，並びにこれからの予測とあわせて，半導体市場の主たるデバイスである Si 集積回路（IC：integrated circuit）の製造技術の研究開発動向を我が国の国家プロジェクトにもとづいて紹介する．また，信頼性と設計，製造技術の現状とその問題点を概説すると同時に，IC の高性能化に必要な DFM（製造容易化設計）の重要性についても言及する．

1.1 半導体市場と技術動向

IC の集積度はムーアの法則*) に従って増加し，価格も激減した．一方で，パソコンや自動車用機器などへの組込みから，ユビキタス社会にも対応できる通信，計算，信号処理機能を持ったシステム LSI（system large scale integrated circuit）への搭載と，IC の利用形態が進化してきた．

世界半導体出荷統計（WSTS：world semiconductor trade statistics）では，2007 年の半導体市場は前年比で 3.8％増の 2572 億米ドルに成長し，2008 年度は 9.1％増の 2805 億米ドルになると予想されている．化合物半導体で作られるオプトデバイスも市場の約 7％を占め，今後も持続的に成長を継続すると見込まれている．

MOS（metal-oxide-semiconductor）IC は，**トランジスタ**（transistor）のシリコン（Si）占有面積がバイポーラ（bipolar）IC のそれより小さく，チップ内に多数の回路を集積することができるので，低消費電力が要求されるディジタル回路に多用されている．最近では，良質な絶縁膜の形成や相補的回路の構成が困難な**化合物半導体**が，衛星通信や携帯電話などのアナログ高周波通信用

*）インテル創業者 Gorden Moore が発見したコンピュータ処理能力向上の経験則で，半導体デバイスの能力が 3 年で 4 倍（18ヶ月で 2 倍）になる．

デバイス材料としても見直されている．また，最新のシステムLSIにおいてはディジタル，アナログ混載が必須で，MOSアナログやバイポーラCMOS（complementary MOS）デバイスが注目されている．

国際半導体技術ロードマップ委員会（ITRS：international technology roadmap for semiconductors）は，SiICにおける技術動向を「ITRS2004 Update（改訂版）」にまとめた．これでは，45nmノード（node）以降も波長が193nmの光リソグラフィ（photolithography）が継続使用され，また，直径450mmのウェーハは2011年以降に導入されると予測している．

日本ではJEITA（電子情報技術産業協会）の「あすか」が，2001年から2005年まで約760億円の予算で，300mmウェーハ上に65nmプロセスのシステムLSI（SoC：system on chip）の製造技術を開発した．また，2001年8月からは産学官共同の「MIRAI」が開始され，「あすか」の先を行く45nmプロセスの実現に向けた研究が進められている．このプロジェクトの主な研究テーマは，微細パターン形成用リソグラフィ，高誘電率（high-k）材料，低誘電率（Low-k）材料配線，新構造トランジスタとその計測技術，回路特性のばらつきと波形ひずみを修正する回路などの技術開発である．

1.2　設計と信頼性技術の現状

設計における大きな問題点は，回路の大規模化による機能やタイミングの検証時間と配線遅延時間の増加である．システムを高速に動作させるには，順序回路を構成する「high」と「low」の二つの安定状態を持つフリップフロップ（flip flop）回路の動作時におけるタイミングを取る（同期を取る）周期的な信号，クロック信号のばらつき（クロックスキュー：clock skew）を調整する最適化技術が不可欠である．また，システムの高機能化にともなうアナログ回路もふくめたチップ全体の機能検証や内蔵自己テスト（BIST：built in self test）技術の高度化も要求される．

また，ユーザーからの要求性能（電源電圧，クロック方式など）を満足する設計仕様の理解も必要である．しかし，設計方法や設計フローが異なる論理（logic）素子や記憶（メモリ：memory）素子では製造プロセスを簡単に共通化することは困難で，製造するICの用途を理解した上で回路設計，レイアウト，回路シミュレーション，信頼性試験の関連技術を一括して開発することが必要である．あわせて，デバイスモデルのパラメータにもとづいた**CAD**（computer aided design）ツールによって回路の劣化や故障の度合いも予測しなければならない．

特殊用途向けASIC（application specific integrated circuit）やマイコンでは，構成される組合せ回路とメモリ設計の際にテスト容易化設計（DFT：design for testability）がすでに採用されている．また，量産化されたシステムLSIではLSIテスタを用いた製造不良テスト（manufacturing test）を行い，短時間で各種テストが終了するように工夫されている．

ICの設計，製造における信頼性は重要な要素技術で，信頼性試験の不正確さが，製造メーカに，過剰な性能要求，価格増大，市場への製品投入遅れなどの致命的なダメージを与えかねない．信頼性技術の向上には，信頼性に関する基礎的研究とあわせて，これまでの経験から得られたノウハウも活用する必要がある．後述するように，信頼性データに製造ばらつきを加味して，故障を判定するツールを開発しなければならない．

製造プロセスの段階で故障を検出し，故障原因をフィードバックさせる従来の信頼性保証は大規模で高性能な仕様を要求される最近のICには不適切で，「故障の防止と予測にもとづく信頼性の作り込み（built in reliability）」に移行しなければならない．この「信頼性の作り込み」とは，ICの特性に影響をおよぼす各種要因をパラメータとして，信頼性を予測しながらICを製造することである．

ICの製造，設計者は，お互いに設計と製造プロセスの限界点を把握し，特に設計者は，設計の良否がデバイス特性のみならずICの歩留や信頼性に大きく影響することを再認識する必要がある．しかし，現在は分業化が進み，製造プロセスを知らない設計者や設計内容を理解できない製造技術者が急増していることが懸念されている．

特性ずれがどの程度ICに許容されるかは，設計者が設定する設計遅延余裕度（マージン）で決定され，製造ばらつきの許容度ともなる．製造ばらつきの最悪値（worst case）から推測したマージンで仕様を決定する従来のマージン設計では，分布の中央値を平行移動するだけなので，動作速度の高速側への移動による消費電力の増加などの別な問題が発生する．したがって，仕様（動作速度，消費電力など）の分散を正確に設計に反映させ，それらのばらつきを考慮した統計処理的な設計法に変更する必要がある．

ICの低価格化と高い**歩留**（yield rate）の確保の観点から，セルライブラリ（基本論理回路）レイアウトパターンやチップレベルではセル配置と配線の最適化が既に検討されている．130nmノード以降の製造プロセス設計においては，製造容易化設計（DFM：design for manufacturability）の概念（図1.1）にもとづいて，EDA（electric design automation：コンピュータを用いた自動設計）ツールによって設計側と製造側を仲介し，歩留の向上，コスト削減，開発（設計，製造，評価）期間の短縮化を図っている．5.2節でも述べるように（図5.11），確定したデバイスモデルや故障モデルで作成された優れたEDAツールを開発し，より効率的なDFMを実現することが高性能，高信頼性ICの製造には必要不可欠なのである．

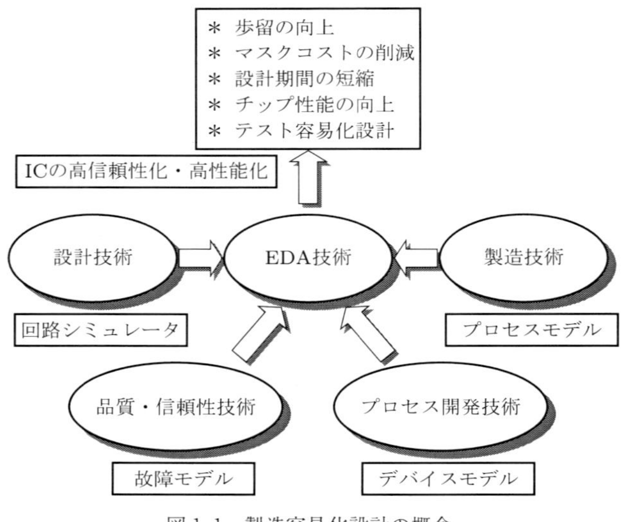

図1.1　製造容易化設計の概念

1.3　各章の概要とその関連性

第1章に続いて，第2章では，Si半導体の物性と代表的なSiデバイスの動作原理を述べる．第3章ではMOSICを構成する基本的なディジタルとアナログ回路の構成を解説する．ここでは，代表的なICの設計法と回路シミュレーション法を，製造ばらつきを補正するレイアウト設計法とあわせて概説する．第4章ではMOSICの構造と製造工程を実使用の装置を例として取り挙げ，その製造ばらつきもふくめて説明する．

微細化による製造プロセスの複雑性が急増する「半導体技術」では，ICの高品質化，高信頼性化と同時に，シェアの獲得のために，新製品の短期間開発と市場への早期投入が要求される．この実現のためには，開発設計段階からICの品質と信頼性を十分に考慮することが重要である．こうした背景から，第5章では，半導体デバイスの故障度と故障率の定義，および信頼性試験について記述する．その後，MOSICの代表的な故障例を述べると同時に，Cu配線のエレクトロマイグレーションや負バイアス温度不安定性などに対する設計，製造プロセス上の対策もあわせて記述する．

第1章のまとめ

- 半導体市場は主力のメモリやオプトデバイスをふくめて，今後も継続すると見込まれる．
- ICの信頼性向上には，設計，製造部門相互の連携にもとづく信頼性予測と，設計，製造，信頼性，プロセス開発の各技術を結集したDFM（製造容易化設計）の実現が不可欠である．

2 集積回路の基礎

集積回路（IC）の代表的な基板材料である Si **半導体**の構造と電気的特性についてその概略を説明する．また，Si を材料としたダイオード構造としての pn 接合やバイポーラトランジスタ，MOS 形電界効果トランジスタの動作原理を簡単な理論式を用いて解説する．あわせて，IC の分類と抵抗，容量などの構成素子の構造を記述する．

2.1 半導体の種類

Si（シリコン）と Ge（ゲルマニウム）はⅣ族の代表的な**元素半導体**で，ほとんどの IC が Si 基板上に作られている．同様に，Ⅲ-Ⅴ族化合物半導体の **GaAs**（ガリウム砒素），GaP（ガリウムリン），**InP**（インジウムリン），**GaN**（窒化ガリウム）や，Ⅱ-Ⅵ族化合物半導体の CdS（硫化カドミウム）や ZnS（硫化亜鉛）も半導体の性質を持ち，種々の用途に使われている（表 2.1）．ここでは，Si 半導体について，その性質とそれを用いた半導体デバイスの動作原理を説明する．

表 2.1　代表的な半導体とそれらの主な用途

種　類	元素記号	主な用途
元素（Ⅳ族）	Si	IC
	Ge	赤外線検出器
化合物（Ⅲ-Ⅴ族）	GaAs	レーザダイオード，太陽電池
	GaP	発光ダイオード
	GaN	発光ダイオード，レーザダイオード
化合物（Ⅱ-Ⅵ族）	CdS	光検出器
	ZnS	発光ダイオード

2.2　Si 半導体

2.2.1 電気的性質

半導体である Si は図 2.1 のように，K殻，L殻，M殻の各軌道にそれぞれ 2 個，8 個，4 個の**電子**（合計 14 個）を持ち，最外殻電子（**価電子**：valence electron）同士の**共有結合**で結晶を構成している（図 2.2）．Si 原子だけで構成する**真性半導体**（intrinsic semiconductor）に，外部から熱や光などのエネルギーを与えると，一部の価電子は自由電子（free electron）として Si 中を自由に移動することができるようになる（図 2.2）．この電子が抜けた孔は，正の電荷と質量を持つ粒子としてふるまうので**正孔**（hole）と呼ばれている．このように，真性の半導体では外部からのエネルギーによって電子と正孔が対に生成され，電子と正孔は負と正の電荷を運ぶので**キャリア**（carrier）といわれている．

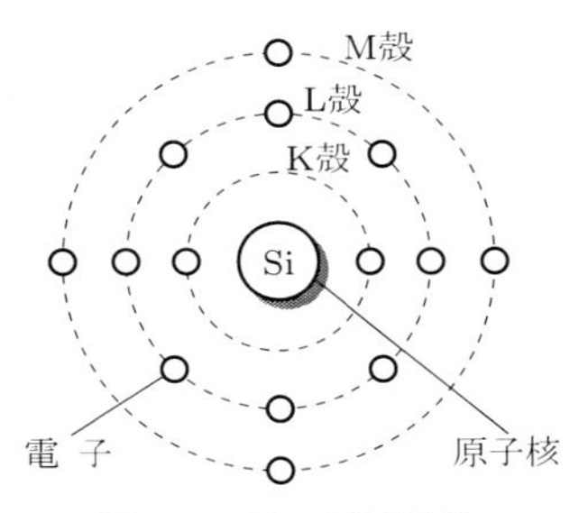

図 2.1　Si の原子模型

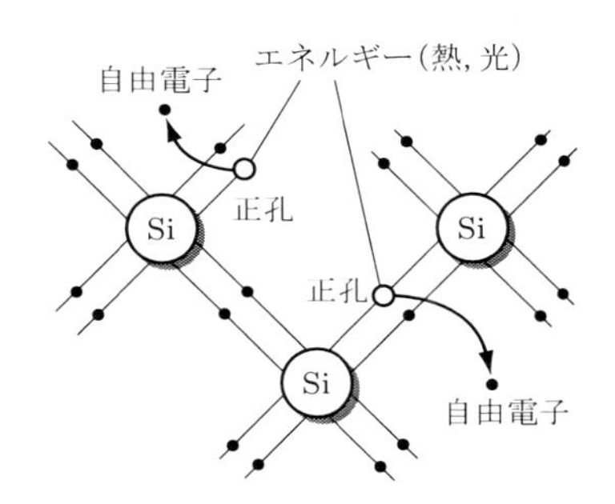

図 2.2　共有結合の様子

真性の Si 半導体にⅢ族原子，たとえばB（ホウ素）を不純物として少量添加すると，B は Si と置換して隣接する 4 個の Si と共有結合することになる（図 2.3）．この場合，熱のエネルギー程度の小さなエネルギーによっても，周囲の Si が持つ価電子 1 個を受け取り，1 個の正孔を放出することができる．この添加されたⅢ族原子（**不純物**：impurity）は**アクセプタ**（acceptor）と呼ばれ，正孔が多い（**多数キャリアである**）半導体を **p**（positive）**形半導体**という．

一方，Ⅴ族の P（リン）または As（砒素）を添加した場合は，図 2.4 に示すように4個の価電子が隣接するSi原子との共有結合に使用され，残り1個の価電子が自由電子となる．このV族原子を**ドナー**（donor）と呼び，電子が多い半導体を**n**（negative）**形半導体**という．

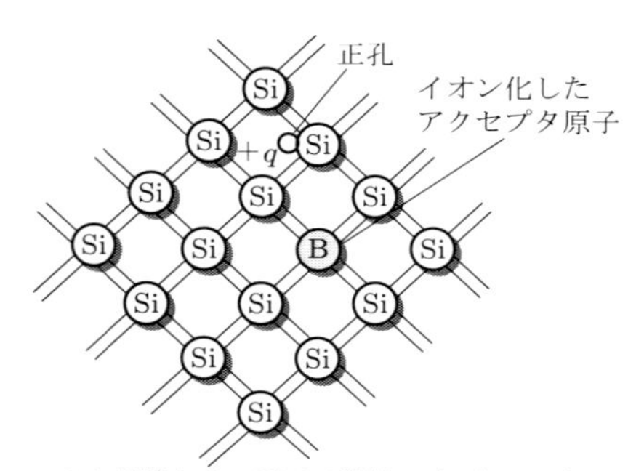

Siを置換したB原子は隣接した3個のSiと共有結合し，さらに1個の価電子を周囲から受け取り正孔を放出する．正孔は負に帯電したBイオンと弱く結合している．

図2.3　p形半導体

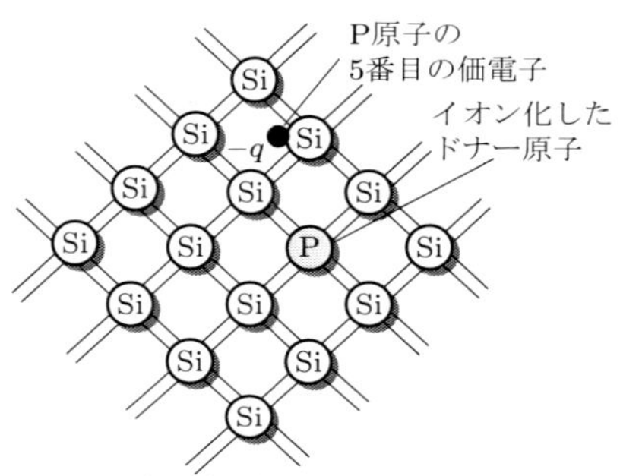

P原子は5個の価電子のうち4個で周囲のSi原子と共有結合する．第5番目の価電子はイオン化したPイオンに弱く結合している．

図2.4　n形半導体

室温における半導体の抵抗率ρは**キャリア**（電子と正孔）**密度**（n, p）に反比例し，移動度をμとすれば，

$$\rho = \frac{1}{q\,(n\mu_n + p\mu_p)} \tag{2.1}$$

と表すことができる．式において，qは電子の電荷，μ_nとμ_pはそれぞれ電子と正孔の移動度である．多数キャリアが電気伝導に主に寄与するので，p形・n形半導体のρは，

$$\rho = \frac{1}{qp\mu_p} \quad \text{（p 形半導体）} \tag{2.2}$$

$$\rho = \frac{1}{qn\mu_n} \quad \text{（n 形半導体）} \tag{2.3}$$

と近似することができる．半導体結晶中の電子や正孔は，真空中と違った**有効質量**（$m_n{}^*$, $m_p{}^*$）を持つことが知られており，これがμに大きく影響をおよぼす．

2.2.2 pn接合

p形半導体とn形半導体が接した領域を**pn接合**（pn junction）と呼び，この構造に電極を付けたデバイスがpn接合**ダイオード**である．

共有結合を形成する価電子と自由電子は不連続なエネルギー状態を持ち，両者のエネルギー差がE_g（**禁制帯幅**，またはバンドギャップ）である．結合状態にある電子（**価電子帯**）が持つ最大のエネルギー値がE_Vで，自由電子（**伝導帯**）が持つエネルギーの最小値はE_Cで，その差がE_gである．フェルミエネルギーE_Fは電子のエネルギー状態を示すパラメータで，図2.5のように，E_Fは真性半導体では禁制帯幅のほぼ中央（E_i）に，n形，p形半導体ではE_CとE_Vの近傍（E_D，E_A）にそれぞれ位置している．このE_DとE_Aは，**ドナー準位**と**アクセプタ準位**と呼ばれ，添加された不純物によって形成される．

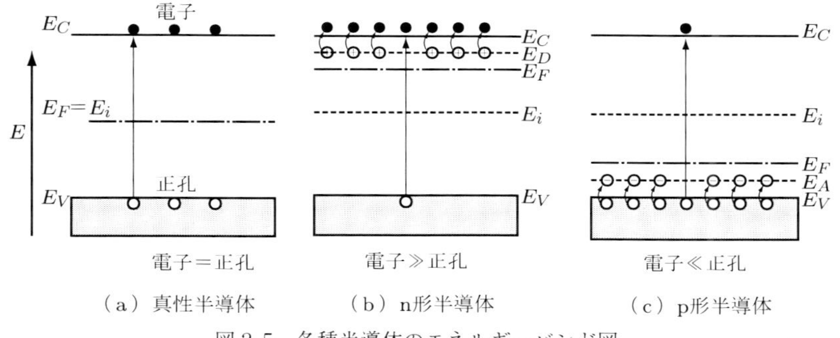

（a）真性半導体　（b）n形半導体　（c）p形半導体

図2.5　各種半導体のエネルギーバンド図

pn接合では図2.6に示すように，キャリア密度に大きな差があるので，電子と正孔はお互い結晶内を逆方向に拡散し，再結合することによって消滅する．その結果として，n領域の電位がp領域より**拡散電位**（diffusion potential）V_dだけ高くなる．またドナーやアクセプタはイオンとなり，空間内に固定されて動くことができず，**空乏層**（depletion layer）が形成されることになる．

pn接合のn形側に負，p形側に正となる**順方向バイアス**（forward bias）V_Fを印加した場合，図2.7からわかるようにn形側の電位がp形側の電位よりもV_Fだけ低くなる．そのために，電子が持つエネルギーはn形側が相対的にqV_Fだけ高くなり，その結果としてエネルギー障壁が$q(V_d - V_F)$だけ低

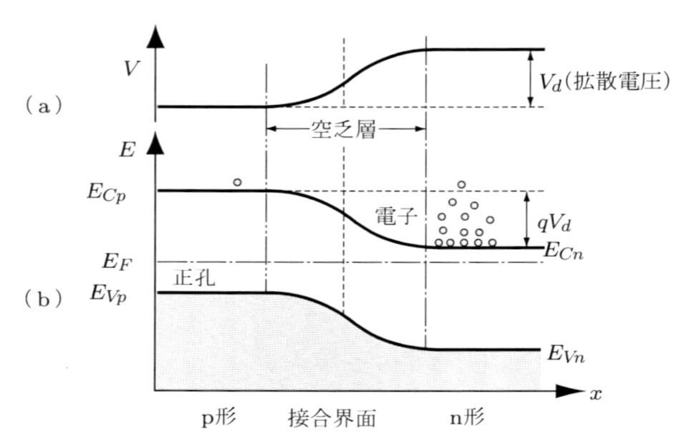

図2.6　pn接合の電位分布とエネルギーバンド図

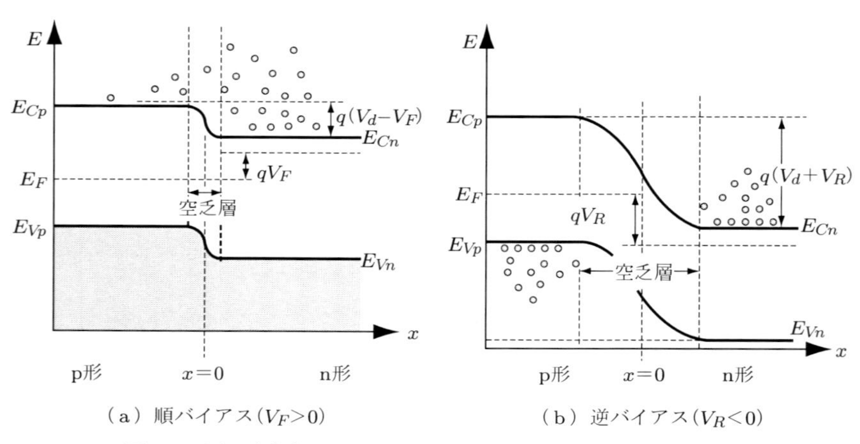

(a) 順バイアス($V_F>0$)　　(b) 逆バイアス($V_R<0$)

図2.7　順・逆方向バイアス印加によるエネルギーバンド図の変化

くなる．

このエネルギー障壁の低下によって，p形領域の正孔がn形領域へ，n形領域の電子がp形領域へそれぞれ拡散して，pn接合には次式の電流Iが流れることになる．

$$I = I_s\left\{\exp\left(\frac{qV_F}{\kappa T}\right) - 1\right\} \tag{2.4}$$

ここで，I_s は逆方向飽和電流，κ は**ボルツマン定数**，T は温度，q は電子の電荷である．

これに対して，n 形側が正，p 形側が負となる**逆方向バイアス**（reverse bias）V_R を印加すると，障壁の高さは $q\,(V_d + V_R)$ と高くなる．この場合，多数キャリアである電子や正孔は他領域に移動することができず，電流はほとんど流れない．以上より，pn 接合における電流-電圧特性は，図 2.8 に示すように空乏層中の電位障壁（拡散電位）が起因する**整流作用**（rectification effect），すなわちダイオード特性を持ち，逆方向バイアスでは微少電流（**逆方向飽和電流** I_s）しか流れず，逆に順方向バイアスでは，exp $(qV_F / \kappa T)$ に比例して指数関数的に電流が増加する．順方向バイアスで電流が流れ始める電圧を立ち上がり電圧（turn-on voltage）と呼ぶ．これは拡散電位にほぼ等しく，pn 接合（ダイオード）を構成する半導体材料によって異なるが，Si ダイオードの場合は 0.6〜0.7V である．

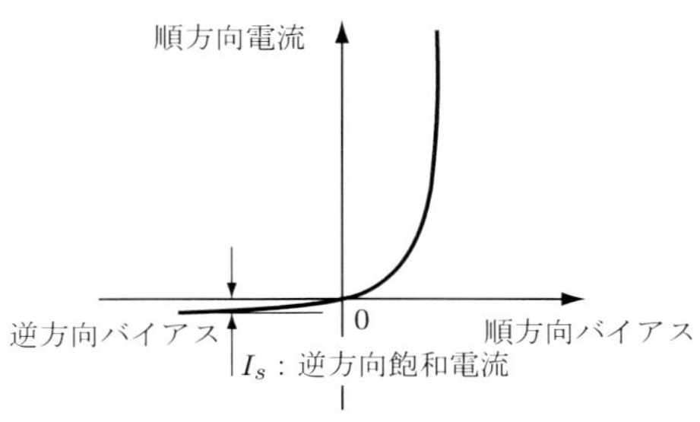

図 2.8　pn 接合ダイオードの電流・電圧特性

2.3 Si デバイスの動作原理

2.3.1 バイポーラトランジスタ

1）構　造

バイポーラトランジスタ（bipolar transistor）は図 2.9 に示すように npn または pnp 構造を持つ 3 端子のデバイスである．中央の挟まれた領域をベース

(base：B)，ベースに対して不純物（ホウ素やリンの）密度が一桁程度高い領域を**エミッタ**（emitter：E），逆に一桁程度低い領域を**コレクタ**（collector：C）という．図2.9（b）はnpn形バイポーラトランジスタの縦方向の構造図で，ベースとエミッタ間とベースとコレクタ間の接合をそれぞれ**エミッタ接合**，**コレクタ接合**と呼ぶ．

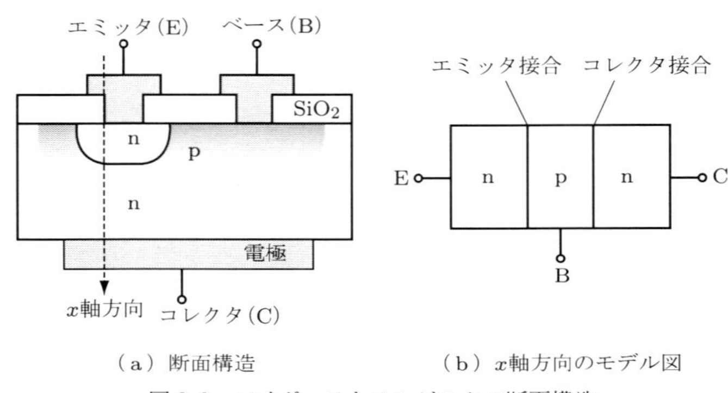

（a）断面構造　　（b）x軸方向のモデル図

図2.9　バイポーラトランジスタの断面構造

2）動作原理

npn形トランジスタにおける無バイアスとバイアス印加時のエネルギーバンド図を図2.10にそれぞれ示す．無バイアス状態では図（a）のように，各接合

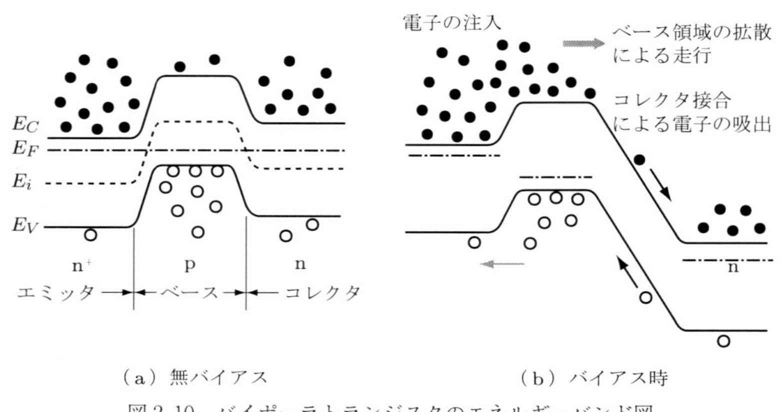

（a）無バイアス　　（b）バイアス時

図2.10　バイポーラトランジスタのエネルギーバンド図

での拡散電位によって電子と正孔は他の領域に拡散することができない．

しかし，バイアスを印加した場合（図（b）），エミッタ接合の順バイアスでベース領域に注入された電子は，拡散によってベース領域内をコレクタ接合方向に移動する．ベース領域で電子の一部は，多数キャリアである正孔と**再結合**するが，コレクタ接合まで達した電子はコレクタ領域へ吸い出されて**コレクタ電流**となる．このように，バイポーラトランジスタではコレクタ電流量はエミッタ-ベース間の順方向電圧で制御される．

バイポーラトランジスタを増幅動作させる時，一つの端子を入力，出力共通として接地させて，残りの二つの端子を入力と出力端子に用いるのが一般的である．**エミッタ接地**回路は，電流増幅率が大きく主に電流増幅用に，**ベース接地**回路は入力抵抗に比べて出力抵抗が大きいので電圧増幅用に，**コレクタ接地**回路は出力抵抗が小さいので入出力のインピーダンス変換用にそれぞれ使用される．多用されるベース接地とエミッタ接地におけるバイアスの印加方法をそれぞれ図 2.11 に示す．

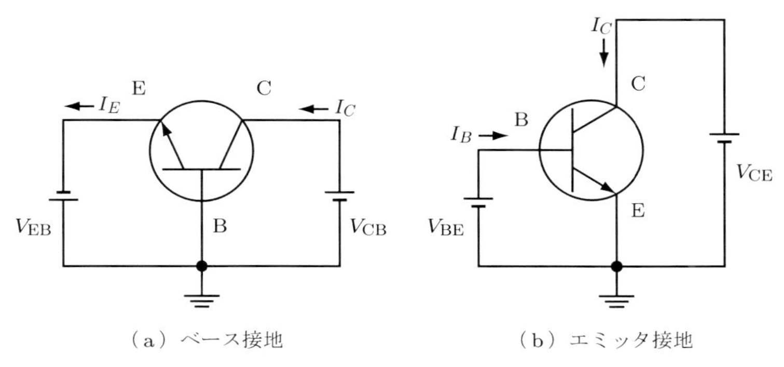

図 2.11　npn 形バイポーラトランジスタの接地方式

エミッタ電流 I_E，コレクタ電流 I_C，**ベース電流** I_B の間には，

$$I_E = I_C + I_B \tag{2.5}$$

の関係式が成り立つ．いま，**ベース接地電流増幅率** α と**エミッタ接地電流増幅率** β を次のように定義すると，

$$\alpha = \frac{I_C}{I_E},\ \beta = \frac{I_C}{I_B} \tag{2.6}$$

式(2.5)と式(2.6)より，αとβは，

$$\beta = \frac{\alpha}{1 - \alpha} \tag{2.7}$$

と変形できる．αはほぼ1に近い値で，たとえばαを0.99の場合βは99となり，大きな電流増幅率が得られる．

例題 ベース接地電流増幅率が0.996であるとき，エミッタ接地電流増幅率を求めよ．

解答 式(2.7)を用いると，$\beta = 0.996 / (1 - 0.996) = 249$と計算できる．

2.3.2 MOS形電界効果トランジスタ

1）特徴と回路記号

第1章で述べたように，MOS形電界効果トランジスタ（**MOSFET**：metal-oxide-semiconductor field effect transistor）は現在の半導体産業において必要不可欠な存在で，家電製品などに搭載されているICにおけるほとんどの能動素子として利用されている．MOSFETは，MOS構造に加えた電界で半導体側のキャリア密度とチャネルを流れる電流を制御することができるトランジスタで次の利点を持っている．

① 入力インピーダンスがきわめて大きい．

② 多数キャリアが動作に寄与する．

③ **キャリア寿命**や再結合の影響を受けにくい．

④ バイポーラ形に比べて微細化が可能．

MOSFETは，構造的に電流が流れる**チャネル**（channel）領域がn形かp形かで，nチャネルMOSFET（n-MOSFET）とpチャネルMOSFET（p-MOSFET）の2種類に分けられ，図2.12に示す回路記号で表される．記号中のD，G，Sは，それぞれ**ドレイン電極**，**ゲート電極**および**ソース電極**を意味している．また，ゲート電極に印加する電圧が0Vではソース電極からドレイン電極に電流が流れない**エンハンスメント形**と，ゲート電圧が0Vでもド

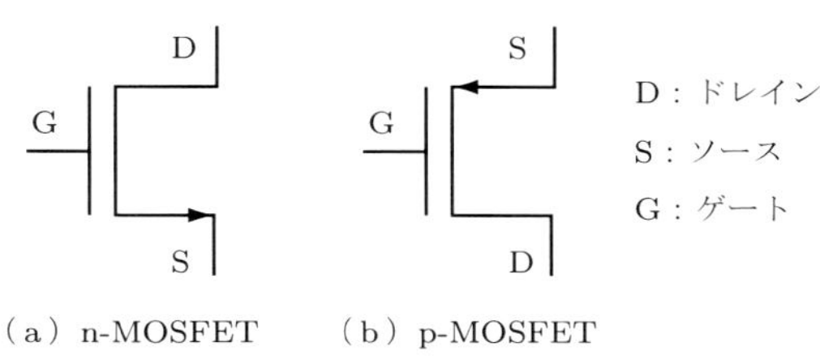

（a）n-MOSFET　（b）p-MOSFET

図 2.12 MOSFET の回路記号

レイン電流が流れる**デプレッション形**に区別することができる.

2）構 造

MOS 構造は MOSFET のゲート領域を構成する．図 2.13 に p 形半導体の MOS 構造における電界の様子，電荷密度分布，エネルギーバンド図をそれぞれ示す．金属（M）に正の電圧（$+V_G$）を加えた場合，静電誘導で多数キャリアの正孔が p 形半導体表面から遠ざけられて空乏層が生じる．V_G が大きく

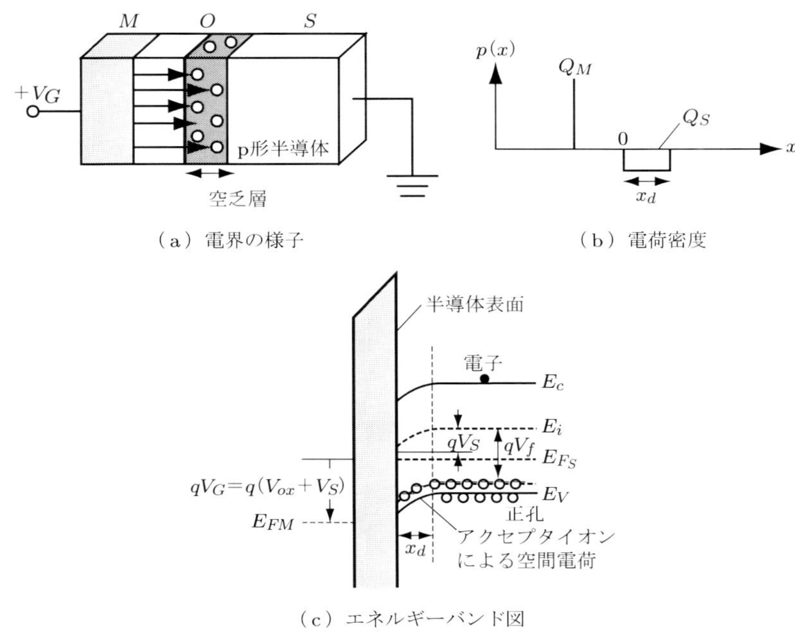

（a）電界の様子　（b）電荷密度

（c）エネルギーバンド図

図 2.13 MOS 構造とエネルギーバンド図

なっても空乏層はある程度以上には拡がらず，その代わりにp形半導体表面に電子が集まりn形**反転層**が形成される．この時の電圧は**閾値電圧**（threshold voltage）V_{th} と呼ばれ，次式で与えられる．

$$V_{th} = \frac{qN_a x_{dmax}}{C_{ox}} + 2V_f \tag{2.8}$$

ここで，N_a はp形半導体のアクセプタ密度，C_{ox} は酸化膜の静電容量，V_f は**禁制帯**の中央とp形半導体の**フェルミ準位**との電位差である．また，空乏層の最大幅である x_{dmax} は，

$$x_{dmax} = \sqrt{\frac{2\varepsilon_{si}\varepsilon_0 V_{Sinv}}{qN_a}} = 2\sqrt{\frac{\varepsilon_{si}\varepsilon_0 V_f}{qN_a}} \tag{2.9}$$

で与えられ，V_f と N_a の平方根に比例することがわかる．式中の ε_0 は真空の誘電率，ε_{si} はSiの比誘電率である．

3）動作原理

MOS構造により半導体表面にできる反転層を電流の通路として用い，反転層と同型になるようにMOS構造の左右にリースおよびドレイン領域を形成したものがMOSFETである．

n-MOSFETのゲート電極に正の電圧を印加した場合，V_{th} 以上で**ゲート酸化膜**の直下にチャネルが形成されて，ドレイン－ソース間に電子が移動する（電流が流れる）ことになる．この**ドレイン電流** I_D はゲート－ソース間電圧

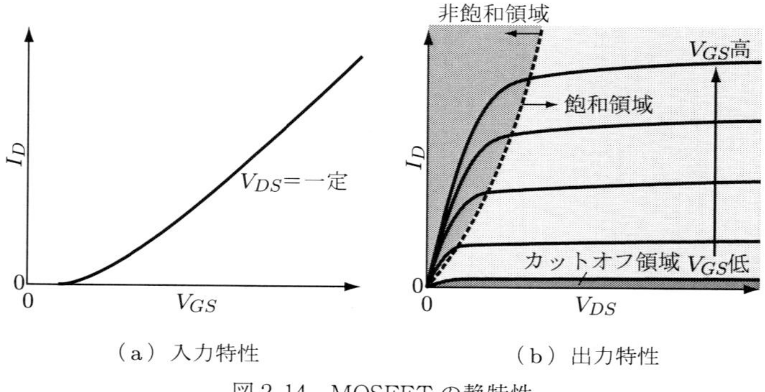

（a）入力特性　（b）出力特性

図2.14　MOSFETの静特性

V_{GS} とドレイン－ソース間電圧 V_{DS} の関数で，その特性は図 2.14 に示す静特性と呼ばれる．出力特性を示す $I_D - V_{DS}$ 特性は，カットオフ領域，非飽和領域，ならびに飽和領域の三つの領域に分類され，カットオフ領域ではチャネルが形成されず，ドレイン－ソース間が遮断された状態である．

非飽和領域（図 2.15（a））では，I_D が V_{DS} に対して比例的に増加するのに対して，**飽和領域**（図 2.15（b））では，I_D は変化せずほとんど一定である．非飽和と飽和の動作の切り替わりは，ドレイン領域近傍の**チャネル**の有無で決まり，そのときの V_{DS} が**ピンチオフ電圧**と呼ばれている．

飽和領域以上に V_{DS} を印加すると，図 2.15（c）に示すような**パンチスルー**が起こる．これは，ドレイン領域と p 形基板間の pn 接合に発生した空乏層がソース領域まで張り出し，チャネルが完全に消失して，V_{GS} が 0V でも電流が流れる現象である．

ゲート長（ドレイン領域からソース領域までの長さ）が短く，ドレイン－ソース間にかかる電圧が大きいほどパンチスルーは起こりやすく，ゲート長が極端に短い MOSFET では，パンチスルーに注意しなければならない．パンチス

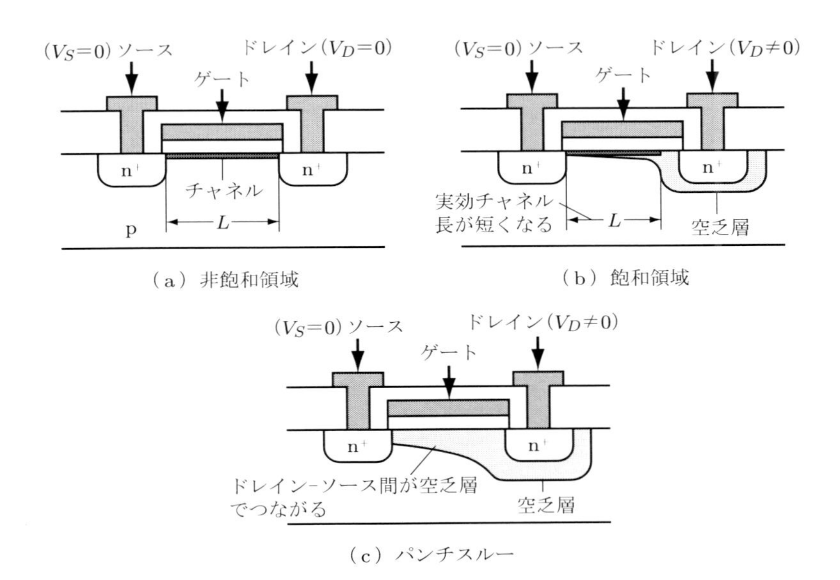

図 2.15　n-MOSFET における印加電圧の増加にともなう実効チャネル長の変化

ルー以上の V_{DS} では，pn 接合に**降伏**（ブレイクダウン：break down）が発生し，大きなドレイン電流が流れて MOSFET が破損するおそれがある．

MOSFET の電気的特性はその構造上，V_{DS}，V_{GS} とあわせて，基板電圧にも依存する．n-MOSFET の（p 形）基板に負の電圧が印加されている場合，チャネルを形成するには，より大きな正の V_G が必要である．このように，チャネル形成の V_{th} が増加する効果を基板バイアス効果と呼び，回路の動作，待機状態における漏れ（リーク）電流の低減と，省電力化に利用されている．しかし，V_{th} が変動する回路設計は複雑なので，一般的には基板接地の状態で動作させる．

つぎに，ドレイン電流式を導出する．先に述べたように，$V_{GS} = V_{th}$ ではゲート酸化膜の直下にチャネルが形成される（図 2.15（a））．また，ゲート領域では**チャネル幅**（奥行き方向）W に対してゲート酸化膜容量 C_{ox} が存在するので，チャネルには単位長さあたり WC_{ox} の容量が存在することになる．また，チャネルには $V_{GS} - V_{th}$ の電圧が一様に加わっているので，チャネルの長さ方向 x 点における電荷密度 $Q_n(x)$ は，次式で与えられる．

$$Q_n(x) = WC_{ox}(V_{GS} - V_{th}) \tag{2.10}$$

一方，n 形半導体における電子の電流密度 J_n は式(2.3) から，

$$J_n = qnv(x) \tag{2.11}$$

となる．ここで，n は電子密度，$v(x)$ は電子の速度である．よって，電流 I は次式のようになる．

$$I = Q_n(x)\,v(x) \tag{2.12}$$

また，$v(x)$ はチャネル内の電界の強さ $E(x)$ に比例するので，電子の移動度を μ_n とすれば，

$$v(x) = \mu_n E(x) \tag{2.13}$$

で与えられる．

V_{DS} を印加した場合，チャネル内の電圧は，$V_{GS} - V_{th} - 0$ から $V_{GS} - V_{th} - V_{DS}$ まで変化するので，x 点の電荷密度 $Q_n(x)$ は，次のように書き直せ

る．

$$Q_n(x) = (WC_{ox})\{V_{GS} - V_{th} - V(x)\} \tag{2.14}$$

ここで，$V(x)$ は0から V_{DS} まで変化する電圧の変数で，式(2.13) と式(2.14) を式(2.12) に代入すると，ソースからドレイン方向に流れる電流 I は，

$$\begin{aligned} I &= Q_n(x)\, v(x) \\ &= WC_{ox}\{V_{GS} - V_{th} - V(x)\}\mu_n E(x) \\ &= WC_{ox}\{V_{GS} - V_{th} - V(x)\}\mu_n \frac{dV(x)}{dx} \end{aligned} \tag{2.15}$$

となる．したがって，ドレイン電流 I_D は式(2.15) の両辺を積分することによって，n-MOSFET の非飽和領域のドレイン電流 I_{Dn-ns}（添え字の $-ns$ は非飽和を示す）は，

$$I_D \int_0^{x=L} dx = W\mu_n C_{ox} \int_{V=0}^{V=V_{DS}} \{V_{GS} - V_{thn} - V(x)\}\, dV(x)$$

$$I_{Dn-ns} = \frac{W}{L}\mu_n C_{ox}\left\{(V_{GS} - V_{thn})\, V_{DS} - \frac{1}{2} V_{DS}^2\right\} \tag{2.16}$$

と求められる．

非飽和領域では，I_D は V_{DS} に比例して増加するが，$V_{DS} = V_{GS} - V_{thn}$ でピンチオフ状態となり，その後は飽和領域の動作に切り替わる．飽和領域における I_{D-s}（添え字の $-s$ は飽和を示す）は，式(2.16) に $V_{DS} = V_{GS} - V_{thn}$ を代入すると次式のようになる．

$$I_{Dn-s} = \frac{1}{2}\mu_n C_{ox}\frac{W}{L}(V_{GS} - V_{thn})^2 \tag{2.17}$$

一方，p-MOSFET では，電流の方向が逆方向なので，非飽和領域と飽和領域の I_D は，それぞれ，

$$I_{Dp-ns} = -\mu_p C_{ox}\frac{W}{L}\left\{(V_{GS} - V_{thp})\, V_{DS} - \frac{V_{DS}^2}{2}\right\} \tag{2.18}$$

$$I_{Dp-s} = -\frac{1}{2}\mu_p C_{ox}\frac{W}{L}(V_{GS} - V_{thp})^2 \tag{2.19}$$

と書くことができる．ここで，μ_p は正孔の移動度である．

MOSFETの増幅動作を表す場合，入力電圧と出力電圧との関係である伝達特性を用いる．増幅のパラメータとして**相互コンダクタンス**g_mは次式で定義される．

$$g_m = \frac{\partial I_D}{\partial V_{GS}} = \left(\frac{\partial I_D}{\partial V_{GS}}\right)_{V_{DS}=const.} \tag{2.20}$$

この式を用いると，n-MOSFETの非飽和と飽和領域における相互コンダクタンスg_mは，次のように求められる．

$$非飽和：g_{m-ns} = \mu_n C_{ox} \frac{W}{L} V_D \tag{2.21}$$

$$飽　和：g_{m-s} = \mu_n C_{ox} \frac{W}{L} (V_{GS} - V_{thn}) \tag{2.22}$$

前述のように，MOSFETの飽和領域では空乏層が拡がって**チャネル長**が短くなり，I_Dが一定とならずに若干の傾きを持つことになる（図2.15 (b)）．この現象はチャネル長変調効果と呼ばれている．

設計上のチャネル長L'とチャネル長変調効果による実際のチャネル長Lの比は，チャネル長変調係数Aを用いると，次のようになる．

$$\frac{L}{L'} = \frac{1}{1 + AV_{DS}} \tag{2.23}$$

Aはチャネル長が長いほど小さくなる．式(2.23)を式(2.17)と式(2.19)に代入すると，n-MOSFETにおいて，チャネル長変調効果を考慮した場合の飽和領域のI_Dは次式で与えられる．

$$I_{Dn-s'} = \frac{1}{2} \mu_n C_{ox} \frac{W}{L'} (V_{GS} - V_{thn})^2 (1 + AV_{DS}) \tag{2.24}$$

例題　ゲート幅が10 μm，ゲート長が1 μm，ゲート領域の単位面積あたりの容量が3.4×10^{-4}F/m^{2}であるn-MOSFETの非飽和領域での相互コンダクタンスを求めよ．ただし，電子の移動度を0.07 m^2/V·s，ドレイン電圧を0.1Vとする．

解答　式(2.21)よりこの構造を持つn-MOSFETの相互コンダクタンスは，
$g_m = 0.07 \times 3.4 \times 10^{-4} \times 10 \times 10^{-6} \times 0.1 / 1 \times 10^{-6} \fallingdotseq 7 \times 10^{-2}$A/V

と計算できる．

2.4 集積回路

2.4.1 分　類

集積回路（IC）とは，ダイオード，トランジスタ，抵抗，コンデンサを一つの Si ウェーハ（基板）上に電気的に接続させた回路のことである．IC は，**LSI**（large scale IC：大規模 IC），VLSI（very large scale IC：超 LSI），**ULSI**（ultra large scale IC：超々 LSI）などと，その回路規模（素子数）で区別される（図 2.16）．また，回路を横成するトランジスタによって，バイポーラ IC と MOSIC とも分類することができる．さらに，取り扱う信号がアナログかディジタルかで，アナログ IC とディジタル IC に区別される．式(2.16) と式(2.19) からわかるように，MOSFET の出力（ドレイン）電流は入力（ゲートーソース）間電圧の 2 乗に比例するのに対して，バイポーラトランジスタの入出力特性は線形関係を持つので，アナログ IC にはバイポーラ IC が広く用いられてきた．ディジタル IC には MOSIC が多用されている．

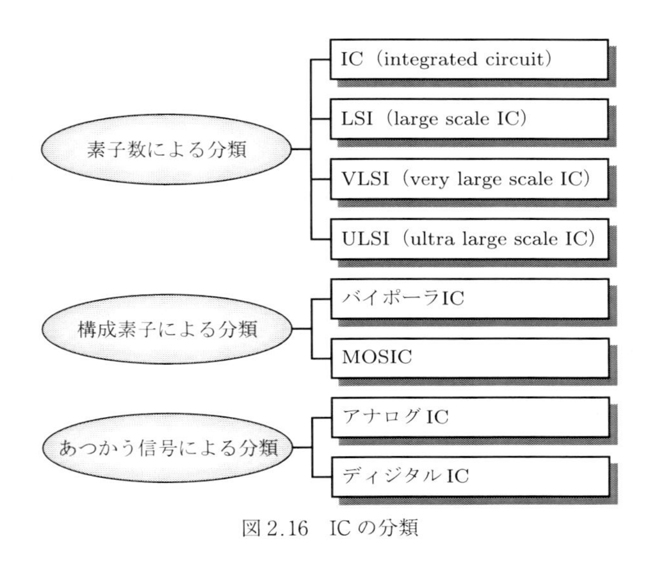

図 2.16　IC の分類

一方，IC を機能的に分類すると，メモリ（memory），マイクロプロセッサ（microprocessor），両者を融合して特定の応用分野向けの論理回路を加えたシステム（system）LSI の 3 種類に分けることができる．最近では，システム化の進んだシステム LSI は SoC（system on chip）と呼ばれている．

代表的なメモリである **RAM**（random access memory）は，必要な情報を一時的に蓄えて随時に引き出すことができるメモリで，スタティック形とダイナミック形がある．スタティック RAM（SRAM）は，高速であるが，消費電力が大きく，集積度は低い．これに対してダイナミック RAM（DRAM）は大容量，低消費電力，低価格であるが，低速で，リフレッシュ動作が必要である．

ROM（read only memory）は読出し専用メモリで，製造時に情報を決定する ROM がマスク ROM，製造後に書込み可能な ROM が PROM（programmable ROM）である．

電源オフでも記憶内容を保持できる不揮発性メモリが**フラッシュメモリ**（flash memory）で，フローティングゲートと呼ぶ電気的に絶縁されたゲートにおける電荷の注入，引出による閾値電圧の変化を利用している．フラッシュメモリは，消去時間をブロック毎の消去で短縮化することによって実用化が加速された．そのほか不揮発性メモリには，誘電体の分極を利用した FeRAM（ferroelectric random access memory），磁性体を利用した MRAM（magnetoresistive random access memory）などがある．

演算処理機能を持った**マイクロプロセッサ**は，論理回路や制御回路などの周辺回路とメモリを 1 チップ化した IC である．システム LSI には，特定用途向けの ASIC（application specific integrated circuit）と，プログラム可能で自由に結線できる論理ブロックから構成された FPGA（field programmable gate array）の 2 種類に分けられる（図 2.17）．

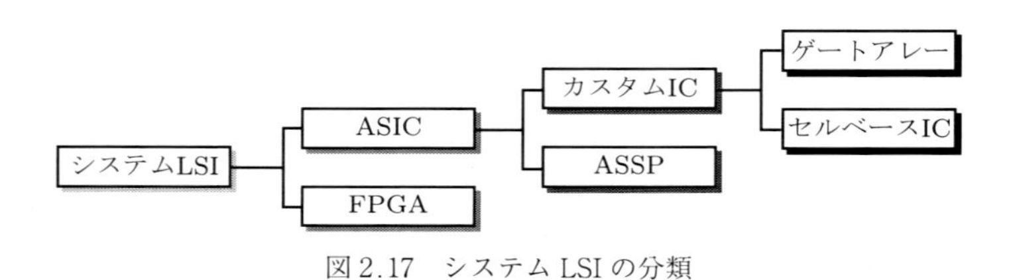

図 2.17　システム LSI の分類

ASIC はカスタム IC と複数ユーザが使用する ASSP（application specific standard products）に分かれる．さらにカスタム IC は，特定の単一ユーザ向けにデバイス製造メーカから提供されたデコーダ（復号器：decoder）やカウンタなどの機能セルと p，n-MOSFET が 2 個ずつ対になったベーシックセル（basic cell）で構成されたゲートアレー（gate array）と，拡散層もふくめた全マスク情報で機能セルの配置と配線が可能なセルベーシック IC（cell basic IC）に分けられる．特に，高速処理用の高性能機能セルを新規に開発するセルベーシック IC をフルカスタム IC（full custom IC）と呼んでいる．

2.4.2 構 造

MOSIC では，p-MOSFET と n-MOSFET を組み合わせた相補形 MOSIC（CMOSIC：complementary MOSIC）が代表的である．CMOSIC は状態が切り換わる瞬間だけドレイン電流が流れるので，消費する電力が少ない．しかし，図 2.18 に示す断面図ように，両方の MOSFET を作るために製造工程が複雑になる．

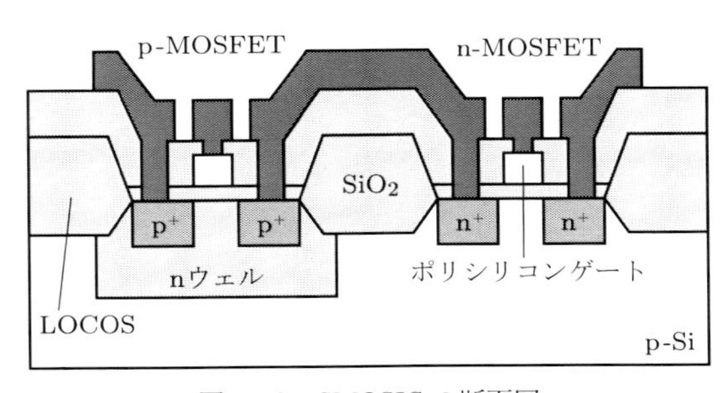

図 2.18 CMOSIC の断面図

CMOSIC は，部分的に厚い局所酸化膜（LOCOS：local oxidation of silicon）で n-MOSFET と p-MOSFET を電気的に分離し，また高集積化に有利な多結晶 Si（ポリシリコン：poly silicon）がゲート電極材料に用いられている．MOSIC はバイポーラ IC と比較して素子面積が小さく，素子分離領域も狭いので高集積化が可能となり，LSI に広く使用されている．

これに対して，バイポーラ IC は pn 接合に逆方向バイアスを印加することによって各デバイスを絶縁分離する pn 接合分離が採用されている（図 2.19）．pn 接合の**空乏層幅**も IC の占有面積になるので，CMOSIC と比べて集積化には不向きである．

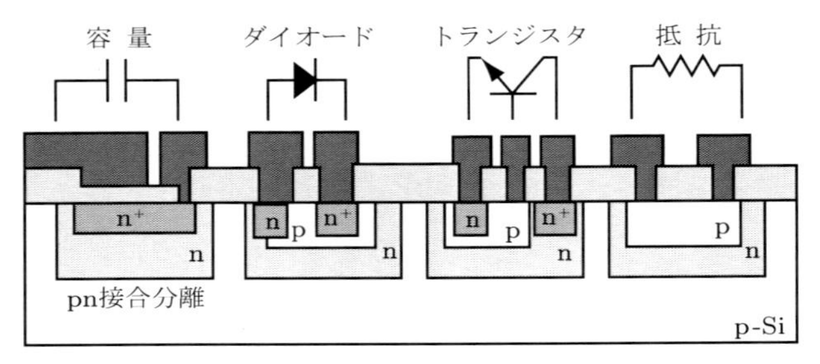

図 2.19　バイポーラ IC の断面図

つぎに，IC を構成する受動素子の構造について説明する．インダクタの集積法には，スパイラルインダクタなどがあるが非常に値が小さく，また，

①電磁ノイズ発生で周辺の信号処理回路に誤作動を引き起こす．

②占有面積が非常に大きい．

などの欠点から，現時点では高周波用途などで限定的に使われている．

図 2.20 に代表的な容量素子の構造を示す．フローティング（浮遊）容量（図（a））は第1ポリシリコンと第2ポリシリコン間の容量を利用し，アナログ IC で一般的に使用される．これの端子には正極と負極の区別がない．図（b）はゲート容量で，第1ポリシリコンと p^+ 埋め込み（インプラント）層との間の容量を利用する．これもアナログ IC で多用され，ポリシリコンに接続されている中央の端子が負極，両サイドの p^+ 層が正極となる．図（c）は接合（ジャンクション）容量と呼ばれ，p^+ 層と n ウェルとの間の容量を使用する．

この容量素子はディジタル IC で一般的に使用され，pn 接合を逆バイアス状態で使用する．図では p^+ 層側の端子が負極，n^+ 層側の端子が正極である．

図 2.21 は代表的な抵抗素子の構造である．図（a）のポリシリコン抵抗は第1ポリシリコン膜を抵抗として利用する．一般的に保護抵抗として使用され，ポリシリコンを蛇行させて抵抗を形成する．拡散層の抵抗を利用する拡散抵抗

（図（b））は，アナログ IC，ディジタル IC 両方で一般的に使用される．ディジタル IC において多用される図（c）に示すウェル抵抗は，n **ウェル**（井戸：

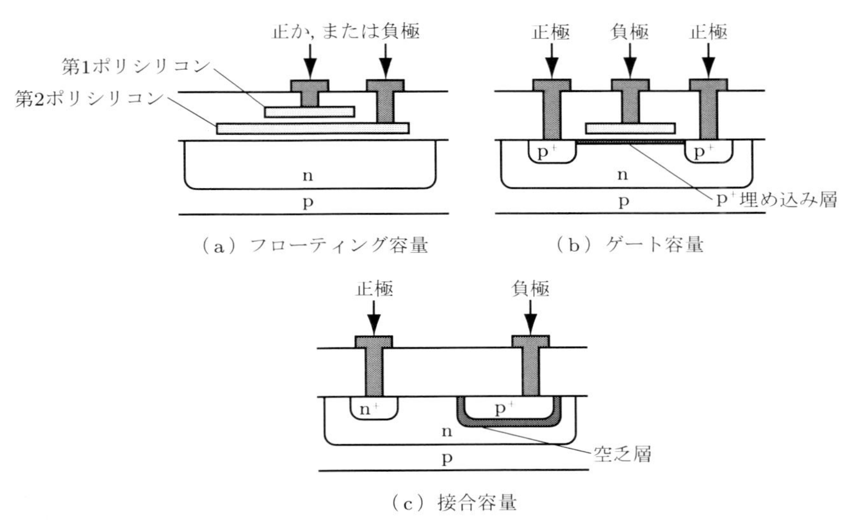

（a）フローティング容量　（b）ゲート容量

（c）接合容量

図 2.20　容量素子の構造

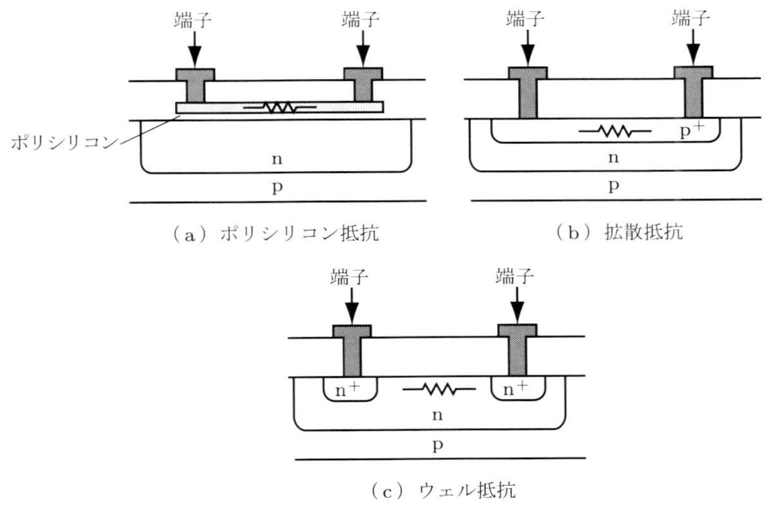

（a）ポリシリコン抵抗　（b）拡散抵抗

（c）ウェル抵抗

図 2.21　抵抗素子の構造

well）層を抵抗に利用している．

第2章のまとめ

- ほとんどのICは，Ⅳ族の元素半導体であるSi基板上に形成されている．
- p形とn形半導体を組み合わせた構造をpn接合と呼び，電気的には整流作用や静電容量を持つダイオード機能を有する．
- ダイオードにもう一つのpn接合を組み合わせたデバイスがバイポーラトランジスタで，電流増幅作用を持つ．
- MOSFETは電圧制御のデバイスで，小信号増幅やスイッチング回路に多用されると同時に，メモリの基本要素である．
- ICの構成素子にはトランジスタとあわせて抵抗や容量素子があり，これらを電気的に組み合せることによって，複雑な機能を持つICを製造することができる．

3 MOS 集積回路の構成と設計技術

MOS 集積回路（IC）を構成する基本的なディジタル回路として，インバータ回路，NAND 回路，NOR 回路，無安定マルチバイブレータ回路を，また，アナログ回路として電流ミラー，差動増幅回路の回路構成と動作をそれぞれ解説する．次に，代表的なディジタル，アナログ IC の設計法と SPICE を用いた回路シミュレーション法について説明する．あわせて，製造ばらつきを補正するレイアウト設計技術も概説する．

3.1 ディジタル回路

ディジタル回路の市場は，2.4.2 節で述べた **CMOS**（complementary MOS-FET）が持っている①高集積化，②低消費電力，③高速動作などの特徴と，第 4 章で述べる IC の製造技術の発達によって急速に拡大している．こうした背景から，ダイオードやバイポーラトランジスタで構成される DTL（diode transistor logic）や **TTL**（transistor transistor logic）にとって代わり，CMOS が IC の主な能動素子となってきている．また，MOSFET が取り扱うほとんどの信号はディジタルなので，この節では，MOSIC を構成するディジタル回路として，インバータ回路，NAND，NOR 回路，無安定バイブレータを例に挙げて，それらの回路特性を解説する．

3.1.1 インバータ回路

論理演算の NOT が実現できる**インバータ回路**（inverter circuit）は，図 3.1 のように一つの CMOS 回路で構成することができる．

この回路において，入力 V_{in} に“1”に相当する電源電圧 V_{DD} が印加され

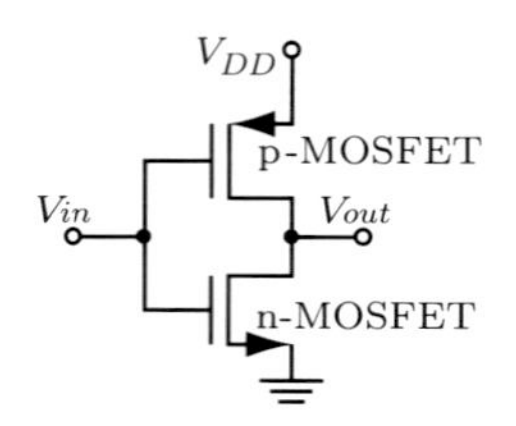

図3.1　CMOSによるインバータ回路

た場合，p-MOSFETはオフ状態，n-MOSFETはオン状態となり，n-MOSFETを介してGNDとつながっている出力端子には“0”が出力される．これに対して，入力に“0”に相当する電圧が印加されると，p-MOSFETはオン状態，n-MOSFETはオフ状態になる．このときは，p-MOSFETを介して出力端子とV_{DD}が導通し，出力端子V_{out}には“1”が出力されて，結果としてNOT演算が実現できるのである．

しかし，実際のクロックパルスの振幅値は“0”と“1”の離散値ではなく連続値を取るので，CMOSインバータ回路の閾値電圧V_{thC}は，以下のように求めることができる．

まず，CMOS回路がインバータ動作をするには，次の条件を満足しなければならない．

$$V_{thn} + |V_{thp}| \leqq V_{DD} \tag{3.1}$$

ここで，V_{thn}とV_{thp}は式(2.8)で与えられるn-MOSFETとp-MOSFETの閾値電圧である．

この条件で入力電圧にV_{thn}とV_{thp}を加えたとき，ドレイン-ソース間電圧V_{DS}は次のように書き表すことができる．

$$V_{GS} - V_{thn} < V_{DS} \qquad \text{かつ} \qquad V_{GS} - V_{thp} > V_{DS} \tag{3.2}$$

第2章で述べたように，チャネル長変調効果がなく，飽和状態で動作しているn-MOSFETとp-MOSFETにおけるドレイン電流は，式(2.17)と式(2.19)を利用すると次式で与えられる．

$$I_{Dn-s} = \frac{1}{2}\mu_n C_{ox}\frac{W_N}{L_N}(V_{GS} - V_{thn})^2$$

$$= \frac{1}{2}\mu_n C_{ox}\frac{W_N}{L_N}(V_{thC} - V_{thn})^2 \tag{3.3}$$

$$I_{Dp-s} = -\frac{1}{2}\mu_p C_{ox}\frac{W_P}{L_P}(V_{GS} - V_{thp})^2$$

$$= -\frac{1}{2}\mu_p C_{ox}\frac{W_P}{L_P}(V_{thC} - V_{DD} - V_{thp})^2 \tag{3.4}$$

閾値電圧が印加された時，すなわちインバータ動作をする場合は，$I_{Dn-s} = -I_{Dp-s}$ なので，V_{thC} は，

$$V_{thc} = \frac{\sqrt{B_n}V_{thn} + \sqrt{B_p}(V_{DD} + V_{thp})}{\sqrt{B_n} + \sqrt{B_p}} \tag{3.5}$$

と求められる．この式における B_n と B_p はそれぞれ，次で定義されるパラメータである．

$$B_n = \mu_n C_{ox}\frac{W_n}{L_n} \tag{3.6}$$

$$B_p = \mu_p C_{ox}\frac{W_p}{L_p} \tag{3.7}$$

式(3.5) からわかるように，CMOS インバータ回路の V_{thC} は，二つの MOSFET の閾値電圧やゲート長，幅などのデバイスパラメータで決定される．このため，デバイスパラメータがばらついた場合には，インバータ回路の入出力応答が影響を受ける．3.4 節では，インバータ回路の回路シミュレーションを用いて製造ばらつきのインバータ特性におよぼす影響の具体的例を説明する．

3.1.2 NAND 回路と NOR 回路

CMOS で構成した NAND 回路（論理回路における AND の NOT 演算）と NOR 回路（論理回路における OR の NOT 演算）を図 3.2 (a)，(b) にそれぞれ示す． 図 (a) の **NAND 回路**は，二つの入力（V_{in1} と V_{in2}）がともに“1”のときにのみ，直列接続の n-MOSFET1 と n-MOSFET2 がオン状態で，並列接続の p-MOSFET1 と p-MOSFET2 がともにオフ状態になる．この時は出力

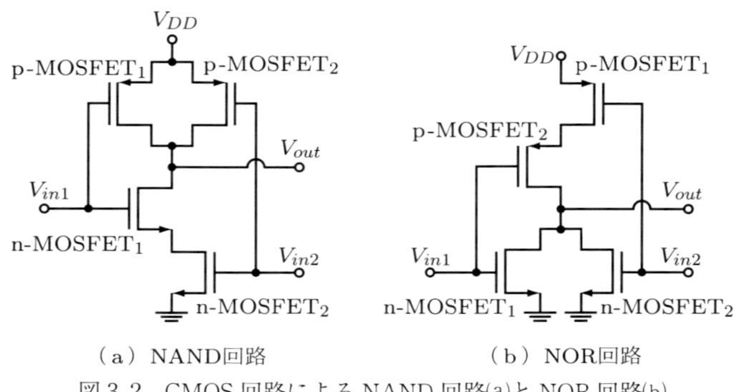

図 3.2　CMOS 回路による NAND 回路(a)と NOR 回路(b)

端子が n-MOSFET$_1$ と n-MOSFET$_2$ を介して GND に接続されて，出力端子に“0”が出力される．

一方，V_{in1} と V_{in2} がともに“1”以外は，p-MOSFET のいずれか一方，もしくは両方がオン状態で，かつ，n-MOSFET のいずれか一方，もしくは両方がオフ状態となるため，出力端子に“1”が出力される．このように，図 3.2（a）は NAND 回路として動作する．

つぎに，図 3.2（b）の **NOR 回路**は，NAND 回路中の並列接続された p-MOSFET と直列接続された n-MOSFET の組を，それぞれ直列接続と並列接続で置き換えた回路である．この回路では，p-MOSFET$_1$ と p-MOSFET$_2$ が直列に接続されているので，二つの V_{in1} と V_{in2} がともに“0”の状態のときにのみ，出力が“1”となる．また，V_{in1} と V_{in2} がともに“0”以外は，n-MOSFET のいずれか片方，もしくは両方がオン状態になるため，“0”が出力される．このように，図 3.2（b）は NOR 回路として動作する．

3.1.3 無安定マルチバイブレータ回路

無安定マルチバイブレータ回路（astable multivibrator）は，自励発振により方形波パルスを出力する回路である．図 3.3 に CMOS を用いた回路例を示す．一般的な無安定マルチバイブレータの一段目は，発振の開始と停止を制御するために NAND 回路が用いられる．しかし，ここでは回路動作の理解を容

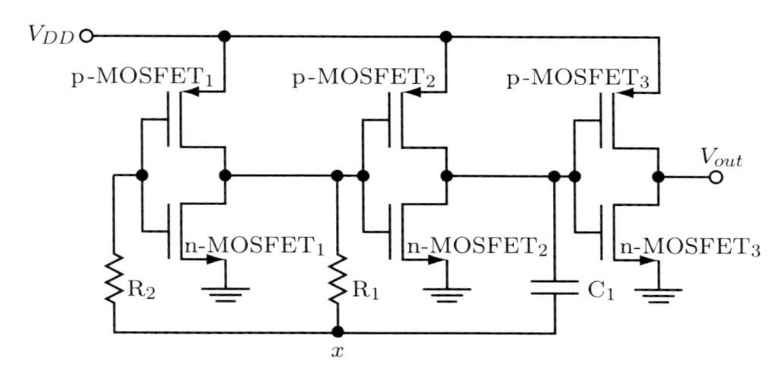

図 3.3 CMOS（インバータ回路）による無安定マルチバイブレータ回路

易にするために，インバータ回路（p-MOSFET$_1$ と n-MOSFET$_1$ から構成される CMOS）で構成された回路で説明する．あわせて，ゲート，拡散抵抗物などによって発生する寄生容量の影響がなく，MOSFET が理想的なスイッチとして動作することを仮定している．

まず，一段目のインバータ回路の入力節点における電圧が V_{th} 以上であるとすると，p-MOSFET$_2$ と n-MOSFET$_2$ から構成される二段目のインバータ回路の入力は“0”となる．この状態で，p-MOSFET$_2$，C$_1$，R$_1$，n-MOSFET$_1$ を介して，電源電圧 V_{DD} から GND までつながるので，瞬時等価回路は図 3.4（a）のように描くことができる．

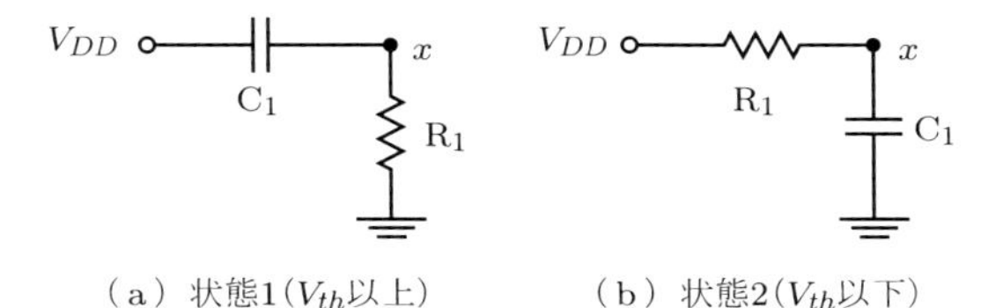

（a）状態1（V_{th}以上）　（b）状態2（V_{th}以下）

図 3.4 無安定マルチバイブレータの瞬時等価回路

この場合の節点 x における電圧 V_x は，初期の電圧値を $V_{T1,ini}$ とすると，最終電圧値は 0V で，時定数 τ は R1C1 なので次式で与えられ，

$$V_x = (V_{T1,ini} - 0)\, e^{-\frac{t}{\tau}} + 0$$
$$= V_{T1,ini}\, e^{-\frac{t}{\tau}} \tag{3.8}$$

時間経過とともに減少することがわかる．

一方，一段目のインバータ回路の入力節点における電圧が V_{th} 以下では，各インバータ回路の状態が反転し，二段目のインバータ回路の入力は“1”になる．この状態では，p-MOSFET$_1$，R$_1$，C$_1$，n-MOSFET$_2$ を介して，電源電圧 V_{DD} から GND までつながるので，瞬時等価回路は図3.4（b）のように描くことができる．

このときの V_x は，初期電圧値を $V_{T2,\,ini}$（＜0）とすると，最終電圧値が V_{DD}，τ が R$_1$C$_1$ なので，

$$V_x = (V_{T2,\,ini} - V_{DD})\,e^{-\frac{t}{\tau}} + V_{DD} \tag{3.9}$$

のように，式(3.8)とは逆に時間経過とともに増加する．

つづいて，節点 x の電圧が V_{th} 以上になると，各インバータ回路の状態が反転し，ふたたび，図3.4（a）の状態に戻り，図（a）と図（b）の状態が繰り返されて回路が発振する．出力側の三段目のインバータは出力電圧を方形波に整形するための回路である．

このように，無安定マルチバイブレータは方形波を出力し，$V_{th} = V_{DD}/2$ における出力波形は図3.5のようになる．また，出力方形波の周期Tは，$V_{T1,\,ini} = 3V_{DD}/2$，$V_{T2,\,ini} = -V_{DD}/2$ と，式(3.8)と式(3.9)を利用し，次の二つの式を解くことによって求めることができる．

$$T = T_1 + T_2 \tag{3.10}$$

$$V_{th} = \frac{3V_{DD}}{2}e^{-\frac{T_1}{\tau}}$$

$$V_{th} = -\frac{3V_{DD}}{2}e^{-\frac{T_2}{\tau}} + V_{DD} \tag{3.11}$$

したがって，周期 T は，

$$T = 2\tau\ln 3 \tag{3.12}$$

のようになる．

このように無安定マルチバイブレータでは，外部回路に接続した抵抗値と容量値を調整することで時定数 τ を変化させ，発振周波数を可変することができ

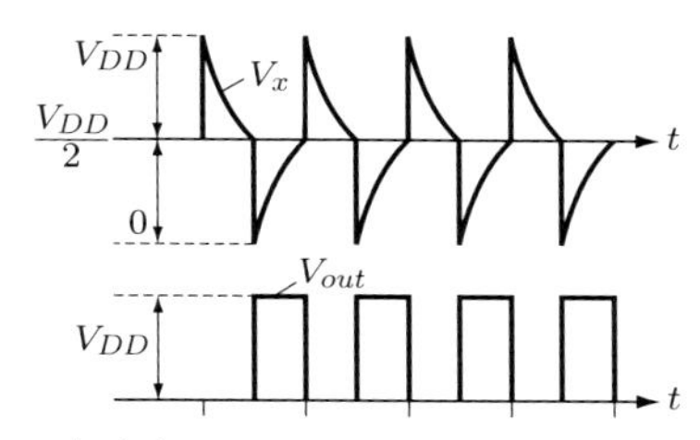

図 3.5 無安定マルチバイブレータの出力電圧波形

る．なお，発振周波数は電源電圧やトランジスタ特性のばらつき等によって影響を受けるので，注意が必要である．

3.2 アナログ回路

自然界における情報の多くはアナログ量で，急速に普及しているディジタル家電製品にもアナログ回路が多用されている．これまでのアナログ回路はバイポーラトランジスタで構成されていたが，①アナログ，ディジタル回路の混載，②双方向性，③高入力インピーダンスなどの理由で CMOS に移行している．ここでは，MOSFET を用いたアナログ回路の代表例として，電流ミラー回路，カスコード電流ミラー回路，差動増幅器について説明する．

3.2.1 電流ミラー回路

入力電流と同じ値の電流を出力する**電流ミラー回路**（current mirror circuit）は，バイアス用や信号処理回路用として用いられている．図 3.6 に，n-MOSFET$_1$ を用いた電流ミラー回路を示す．

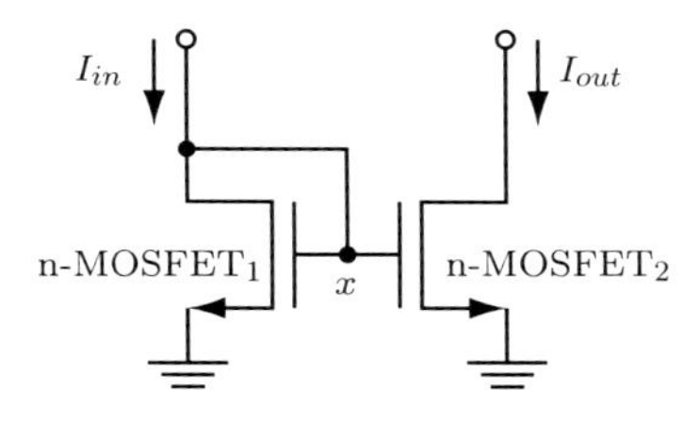

図 3.6 n-MOSFET による電流ミラー回路

まず，n-MOSFET$_1$は，ドレイン電極とゲート電極が短絡されているので次の条件が成立し，飽和領域で動作する．

$$V_{GS} - V_{thn} = V_{DS} - V_{thn} < V_{DS} \tag{3.13}$$

まず，チャネル長変調効果を考慮しないn-MOSFET$_1$とn-MOSFET$_2$の静特性が同じで，ともに飽和領域で動作している場合の入力，出力電流（I_{in}, I_{out}）は式(2.17)を用いると次式で与えられる．

$$I_{in} = \frac{1}{2}\mu_n C_{ox}\frac{W_1}{L_1}(V_{GS} - V_{thn})^2 \tag{3.14}$$

$$I_{out} = \frac{1}{2}\mu_n C_{ox}\frac{W_2}{L_2}(V_{GS} - V_{thn})^2 \tag{3.15}$$

したがって，入出力電流の比は次，

$$\frac{I_{out}}{I_{in}} = \frac{W_2 L_1}{W_1 L_2} \tag{3.16}$$

となり，二つのFETのゲート長とゲート幅の比で決定される．

一方，チャネル長変調効果を考慮した場合は，式(3.16)は式(2.23)から次のように書き改められる．

$$\frac{I_{out}}{I_{in}} = \frac{W_2 L_1}{W_1 L_2}\frac{(1 + AV_{DS2})}{(1 + AV_{DS1})} \tag{3.17}$$

ここで，V_{DS}は，それぞれのn-MOSFETのドレイン-ソース間電圧である．

式(3.17)から明らかなように，チャネル長変調効果を考慮すると，入出力電流比はドレイン-ソース間電圧にも依存することがわかる．

3.2.2 カスコード電流ミラー回路

図3.7にチャネル長変調効果抑制用の**カスコード電流ミラー回路**（cascode current mirror circuit）を示す．

図中の節点xでは，次の関係式が成立する．

$$V_{GS3} + V_{DS1} = V_{GS4} + V_{DS2} \tag{3.18}$$

式(3.18)からわかるように，$V_{GS3} = V_{GS4}$ならば$V_{DS1} = V_{DS2}$となる．

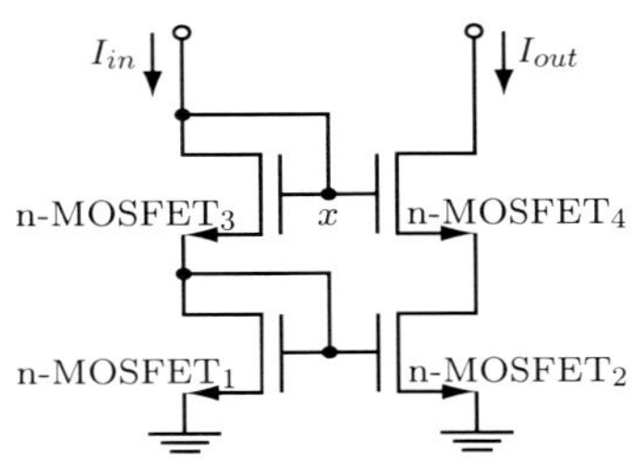

図 3.7 カスコード電流ミラー回路

n-MOSFET$_3$ と n-MOSFET$_4$ のゲート電極が接続されているので，n-MOSFET$_3$ と n-MOSFET$_4$ ならびに，n-MOSFET$_1$ と n-MOSFET$_2$ のトランジスタのゲート長とゲート幅が等しければ，$V_{DS1} = V_{DS2}$ となり入力電流と出力電流の比を一定に保つことができる．

また，全ての n-MOSFET の閾値電圧が等しい時の最小駆動電圧は，次式のようになる．

$$V_x - V_{thn} = V_{DS1} + V_{GS3} - V_{thn} = V_{GS1} + V_{GS3} - V_{thn} \tag{3.19}$$

式(3.13) と式(3.19) を比較することから，カスコード電流ミラー回路は従来の電流ミラー回路と比べて最小駆動電圧が大きく，低電圧化には不向きであることがわかる．

3.2.3 差動増幅回路

各種の電子回路で演算する信号の振幅レベルが極端に小さい場合，入力電圧や電源電圧から発生される**ノイズ**に信号が埋もれる可能性がある．ノイズ対策として，差動増幅回路（differential amplifier）を用いる方法がある．図 3.8 に，抵抗負荷を用いた MOSFET 差動増幅回路を示す．

増幅回路としての MOSFET は飽和領域で動作するので，n-MOSFET$_1$ と n-MOSFET$_2$ の静特性が同じならば，これら二つの FET に流れるドレイン電流は式(2.17) から次式のようになる．

$$I_D = \frac{1}{2}\mu_n C_{ox}\frac{W}{L}(V_{GS1} - V_{thn})^2 \tag{3.20}$$

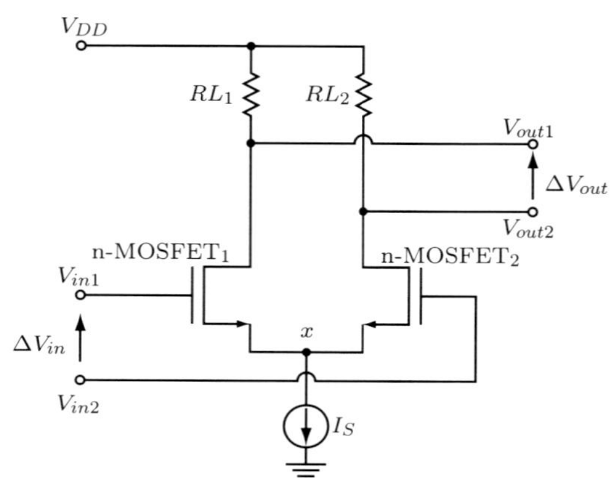

図 3.8　抵抗負荷を用いた MOSFET 差動増幅回路

$$I_D = \frac{1}{2}\mu_n C_{ox}\frac{W}{L}(V_{GS2} - V_{thn})^2 \tag{3.21}$$

式中の V_{GS1} と V_{GS2} は，n-MOSFET$_1$ と n-MOSFET$_2$ のゲート-ソース間電圧をそれぞれ示している．

V_{GS1} と V_{GS2} は，節点 x における V_x と次の関係式を満足する．

$$V_{GS1} = V_{in1} - V_x \tag{3.22}$$

$$V_{GS2} = V_{in2} - V_x \tag{3.23}$$

したがって，式(3.22) と式(3.23) を式(3.20) と式(3.21) にそれぞれ代入すれば，出力電圧（V_{out1}，V_{out2}）は次式で与えられる．

$$V_{out1} = V_{DD} - R_L\frac{1}{2}\mu_n C_{ox}\frac{W}{L}(V_{in1} - V_x - V_{thn})^2 \tag{3.24}$$

$$V_{out2} = V_{DD} - R_L\frac{1}{2}\mu_n C_{ox}\frac{W}{L}(V_{in2} - V_x - V_{thn})^2 \tag{3.25}$$

そこで，差動増幅回路の出力電圧 $V_{out1} - V_{out2}$ は，

$$\begin{aligned}\Delta V_{out} &= V_{out1} - V_{out2}\\ &= -R_L\frac{1}{2}\mu_n C_{ox}\frac{W}{L}(V_{in1} + V_{in2} - 2V_x - 2V_{thn})(V_{in1} - V_{in2})\\ &= -R_L\frac{1}{2}\mu_n C_{ox}\frac{W}{L}(V_{in1} + V_{in2} - 2V_x - 2V_{thn})\Delta V_{in}\end{aligned} \tag{3.26}$$

のようになる．ここで，$V_{in1} - V_{in2}$ は差動増幅回路の入力電圧 ΔV_{in} である．

また，入力電圧 V_{in1}，V_{in2} と同相にある V_{inCM} は次式で与えられ，

$$V_{inCM} = \frac{V_{in1} + V_{in2}}{2} \tag{3.27}$$

式(3.27) を式(3.26) に代入すると，ΔV_{out} は次のようになる．

$$\Delta V_{out} = -R_L \mu_n C_{ox} \frac{W}{L} (V_{inCM} - V_x - V_{thn}) \Delta V_{in} \tag{3.28}$$

したがって，小信号電圧利得は式(3.28) を ΔV_{in} で偏微分すると，

$$A_v = \frac{\partial \Delta V_{out}}{\partial \Delta V_{in}} = -R_L \mu_n C_{ox} \frac{W}{L} (V_{inCM} - V_x - V_{thn}) \tag{3.29}$$

と求まる．

この式から，差動増幅回路では入力電圧に同相の雑音が加わっても小信号電圧利得が一定に保たれることがわかる．3.4 節の回路シミュレーションでは，ここで取り上げた MOSFET を用いた基本回路の解析を行う．

3.3　集積回路の設計

3.3.1 ディジタル集積回路の設計

3.1 節，3.2 節で述べたように，IC は取り扱う信号形態で**アナログ IC** と**ディジタル IC** に分類できるが，回路設計の手法もアナログ回路とディジタル回路とでは異なる．これは，それぞれが扱う信号の性質の違いに起因し，使用する CAD（computer aided design）ツールが異なっているためである．特に，ディジタル IC では**自動設計**（DA : design automation）法の改良，発達によって，より短期間で設計できる．

ディジタル IC の設計は図 3.9 に示すように，“システム設計”，“機能設計”，“論理設計”，“回路設計”，“レイアウト設計”の五つの手順に分類される．

システム設計では，市場要求を満足する IC 全体の構成，回路仕様，具備すべき機能を，使用用途，環境などを考慮しながら決定する．

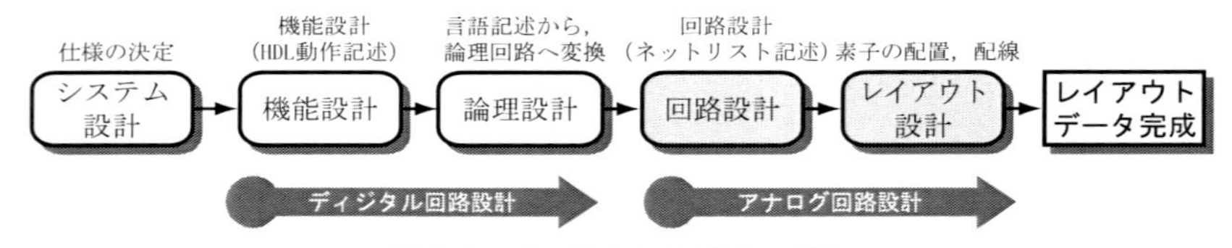

図3.9　ディジタルIC設計の流れ

機能設計では，システム設計で定めた回路仕様や機能にもとづいて，IC全体の回路動作を決定する．ディジタル回路の機能設計は設計の自動化が進み，**ハードウェア記述言語**（**HDL**: hardware description language）で回路動作をプログラミングできる．このHDLは，C言語やPascalなどのプログラミング言語に類似し，プログラムを記述するだけでディジタル回路の動作や機能を決定する言語である．

論理設計では，HDL記述をANDやORなどの基本セルを用いた論理ゲートレベルの回路に変換する．変換する際には自動ツールを使用し，**論理合成**，論理最適化，基本セルとのマッピングの処理を経て，論理ゲートレベルの回路図（**ネットリスト**）が生成される，ネットリストを用いてシミュレーションなどにより論理動作やタイミングの検証を行う．

アナログ回路設計の入り口でもある**回路設計**では，トランジスタの寸法，抵抗，容量の値などを理論解析で決定した後に，回路シミュレーションで設計回路の特性解析を行う．ディジタル回路では，フリップフロップなどの基本回路や加算器などの汎用回路が構成されているため，それらの基本ブロックをライブラリの形式で保存する．

レイアウト設計では，ネットリストおよびデザインルールにもとづいて自動ツールを使って，基本セルをチップ上に配置，配線する．基本セルの配置，配線は，チップ全体の面積ができるだけ小さく，さらに信号遅延が仕様を満たすように考慮しなければならない．**デザインルール**とは，製造した回路が正常に動作するための一種の規定ルールで，マスクのレイヤー（層）の寸法や各レイヤー間の間隔などが決められている．4.4節のリソグラフィ技術でも述べるように，レイアウト設計後の回路パターンはマスク製造工程へ移りIC製造工程が開始される（図3.10）．

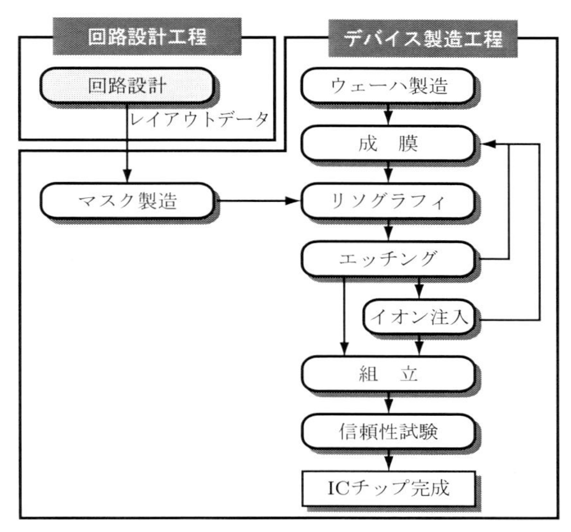

図 3.10　集積回路の製造工程と設計との関連性

基本セルには，AND や OR などの基本的な論理ゲート，フリップフロップ・加算器などの機能を持ったセル，さらには大規模回路まで数多くの種類のセルが準備されている．これらのセルは IC の性能を決める大きな要因となるために，高性能なセルを設計しておくことが重要である．セルに求められる性能は，面積，遅延時間，消費電力が可能な限り小さいことである．基本セルは，ライブラリの形式で保存し，別の IC でも繰り返し利用することが可能である．また，基本セルは製造プロセスが違うと同じ機能でも性能が異なってくる．したがって，製造プロセスごとに基本セルの設計が必要である．

3.3.2 アナログ集積回路の設計

システム，機能設計と論理設計を除いたアナログ IC 設計の流れを図 3.11 に示す．図 3.9 における“回路設計”と“レイアウト設計”の部分が，“回路設計”，“機能設計”，“レイアウト設計”，“デザインルールチェック”，“回路パラメータ抽出”，“レイアウト，回路比較”，“寄生素子抽出”，“ポストレイアウトシミュレーション”の八つの手順に細分化されている．

回路設計では，後に述べる SPICE（スパイス：simulation program with in-

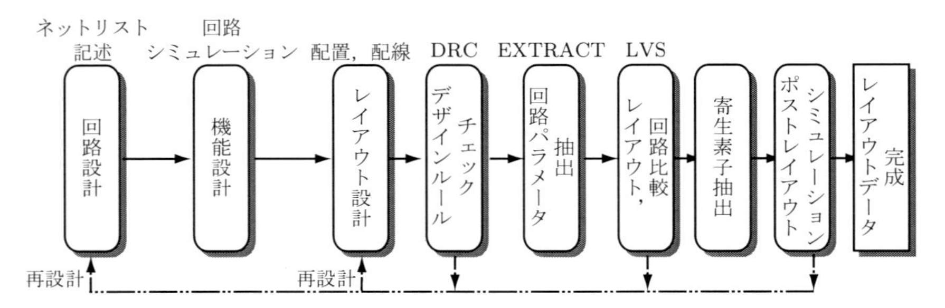

図 3.11　アナログ IC 設計の流れ

tegrated circuit emphasis）などの回路シミュレータで，モデルパラメータや回路の接続状態を表現したネットリストを作成する．

機能設計では，作成したネットリストによって回路シミュレーションを行い，回路特性を評価，解析する．機能設計の結果が良好であれば，つぎのレイアウト設計に移る．

ディジタル IC と異なり，アナログ IC の設計では配置配線用 CAD ツールがないので，手作業でトランジスタ，抵抗，容量の形状と寸法を入力して，レイアウト設計をしなければならない．パターンレイアウトに関する基本的な手法は，3.5 節で述べる．

レイアウト設計後の**デザインルールチェック**（**DRC**: design rule check）では，デザインルールを遵守して設計されているかを確認する．デザインルールチェック用 CAD ツールは，ケイデンス社の Dracula やメンターグラフィックス社の Calibre などが有名で，DRC で不良が検出された場合には，再びレイアウト設計に戻る．

回路パラメータ抽出では，レイアウト設計データから SPICE 用のネットリストを抽出して，SPICE 用ネットリストを生成する．

レイアウト，回路比較では，レイアウトパターンから抽出したネットリストと回路設計段階での回路図を比較（**LVS**: layout vs. schematic）する．ここでは，レイアウト設計を行った回路パターンが，設計段階での回路図と同一であることを確認し，LVS で不良が検出された場合には，再びレイアウト設計に戻る．

寄生素子の抽出では，レイアウト設計を行った回路パターンから，配線の抵抗や寄生容量，コンタクト抵抗を抽出する．

ポスト，レイアウト，シミュレーションでは，抽出した寄生素子をふくむネットリストを作成し，シミュレーションを用いて，再度の機能設計を行う．

2番目の手順である機能設計では，寄生素子が考慮されていないので，ポスト，レイアウト，シミュレーションにおける機能設計が，要求される回路特性と大きく異なる可能性がある．そこで，レイアウト設計は非常に重要で，ポスト，レイアウト，シミュレーションの結果が著しく悪い時は，レイアウト設計を再度行うか，1番目の手順の回路設計からやり直す必要がある．

3.4 回路シミュレーション

3.4.1 SPICEによる回路解析

回路シミュレーションは，SPICEを用いて回路設計と機能設計を行う作業である．**SPICE**は，カリフォルニア大学バークレー校で開発された回路シミュレーションプログラム（世界標準のアナログ回路解析ツール）で，HSPICE，PSPICE，SPICE3などがある．SPICEにはICを構成するデバイスの基本的な解析モデル（直流，過渡，交流特性）が組み込まれている．

SPICEによる回路解析の精度は，モデルパラメータに大きく依存するので，モデルパラメータを最適化することで高精度の解析が可能となる．最も重要なモデルパラメータはトランジスタモデルで，「シックマン・ホッジス」や「デバイスの幾何学形状にもとづくメイヤーモデル」，「BSIM1～M4」，「BSIM-SOI」などがある．この中でBSIM3（berkeley short-channel IGFET model version3）が現在の標準モデルで，多くの市販設計ツールに組み込まれている．

モデルパラメータは，SPICEで使用するデバイスモデルのパラメータで，ホームページ上で公開しているIC製造企業もある．図3.12はモデルパラメータを決定する方法の一例で，“測定データの抽出”，“統計解析”，“モデリング”，“回路シミュレーション”の四つの手順から構成される．

図3.12のように，実際のデバイスを測定した後に，測定データのばらつき

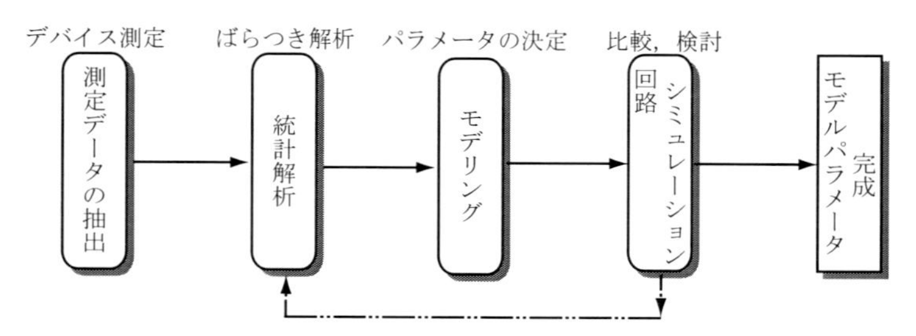

図3.12　モデルパラメータ決定の流れ

を統計，解析する．つぎに，この解析結果と測定データからパラメータをモデリングする．続いて，そのモデルパラメータの妥当性を検証するために，再度回路シミュレーションと実際の測定データとを比較する．

SPICEによる代表的な回路解析の流れは次の通りである．

①ネットリスト（SPICEプログラム）の作成

設計した回路に用いる以下の手順でデバイスのモデルパラメータを指定する．

・電圧源を指定

・デバイス名を指定

・回路のノード番号を指定

・回路の接続にネットリストを記述

記述方法と回路記号（図3.13）は次の通りである．

（a）MOSトランジスタ（n-MOSFETでモデル名がNMOSの場合）

M＊＊D　G　S　B　NMOS　L=＊＊u　W=＊＊u

ここで，LとWがゲート長とゲート幅で，uはμmを意味する．

（b）抵抗

R＊＊　A　B　[抵抗値]

（c）容量

C＊＊　A　B　[容量値]

（d）インダクタ

L＊＊　A　B　[インダクタンス値]

（e）電圧源

V＊＊　A　B　[電圧]

（f）電流源

I＊＊　A　B　[電流値]

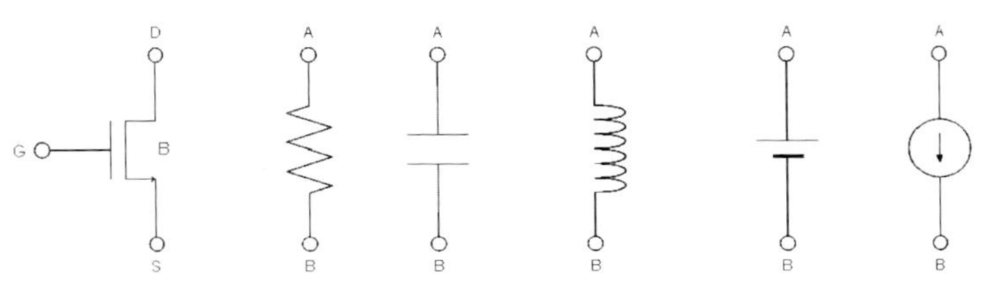

(a) MOSトランジスタ　(b) 抵抗　(c) 容量　(d) インダクタ　(e) 電圧源　(f) 電流源

図 3.13　SPICE における回路記号

②シミュレーション

③シミュレーション結果の検討

1）電流ミラー回路

n-MOSFET を用いた電流ミラー回路（図 3.14）の回路解析用 SPICE のプログラム例を次に示す．本テキストでは PSPICE を用いたシミュレーション例を示している．図 3.14 中の番号は，SPICE プログラムに使用する節点番号である．

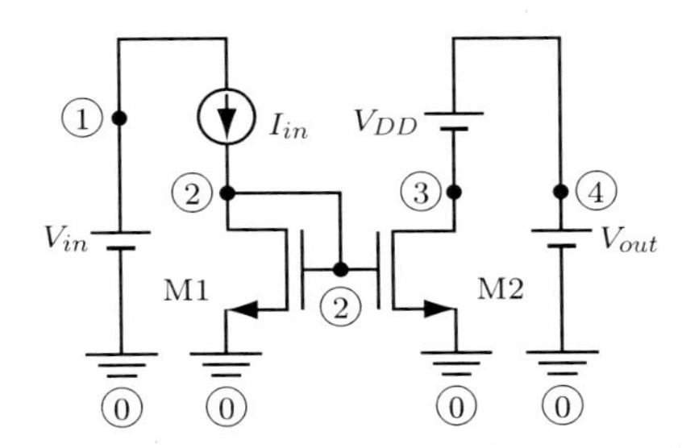

図 3.14　n-MOSFET を用いた電流ミラー回路

n-MOSFET を用いた電流ミラー回路のプログラム例

```
＊電流ミラー回路 ································· (1)
.LIB    MOS.lib ·································· (2)
Vin     1  0  DC  3V ···························· (3)
VDD     4  3  DC  3V
Vout    4  0  DC  0V ···························· (4)
Iin     1  2  DC  0A ···························· (5)
M1      2  2  0  0   NMOS  W=0.35u  L=1.4u ···· (6)
M2      3  2  0  0   NMOS  W=0.35u  L=1.4u
.DC     Iin    0uA  20uA  0.1uA ················ (7)
.PRINT DC      I(Iin) ··························· (8)
.PRINT DC      I(Vout)
.END ············································ (9)
```

■**プログラムの解説**

(1)　プログラム表題（タイトル）の記述

SPICEプログラムは必ず表題が必要で，第1行目からプログラムを書くことはできない．

(2)　ライブラリの呼び出し

回路で使用するMOSFETのモデルパラメータを格納したライブラリを呼び出す（本プログラムでは，低消費電力用CMOSライブラリに多用される0.35μmプロセスを用いた）．

(3)　入力電圧源の指定

ノード番号①とGND間に，V_{in}の直流電圧源（3V）を接続する．SPICEでは，ノード番号“0”はGND電位を意味する．

(4)　仮想電圧源の指定

SPICEでは，0Vの仮想電圧源を流れる電流を測定する．

(5)　入力電流源の指定

ノード番号①と②の間に入力直流電流源を接続する．

(6)　MOSFETの指定

MOSFETは，ドレイン電極，ゲート電極，ソース電極子，接地端子の順にノード番号を記述しなければならない．ここで，“**NMOS**”はライブラリ中に格納されているMOSFETのモデル名で，そのモデル名に対応したデバイスパラメータがライブラリから呼び出される．また，**L**と**W**はそれぞれMOSFETの設計上のチャネル長とチャネル幅で，**1.4u**とは1.4μmのことである．

(7) 直流（DC）解析の指定
入力電流I_{in}が0μAから20μAまで，0.1μAごとに測定することを定義する．

(8) 出力書式の指定
M1のドレイン電流をプリント出力表に表形式で出力することを定義する．

(9) プログラムの終了

図3.15にシミュレーション結果を示す．トランジスタ（M1とM2）のW/L比を除く全てのモデルパラメータ（この場合，閾値電圧V_{th}）が等しい場合（図(a)），チャネル幅Wの比を1：1から1：3に変化すると，入力電流の1から3倍の電流が出力されている．このように，電流ミラー回路では，W/L比を変化することによって入出力電流比が調整可能である．

また，図(b)からV_{th}が±5%ずれた場合，入出電流特性もわずかに変化することがわかる．このように，デバイスパラメータ（WやL）にばらつき

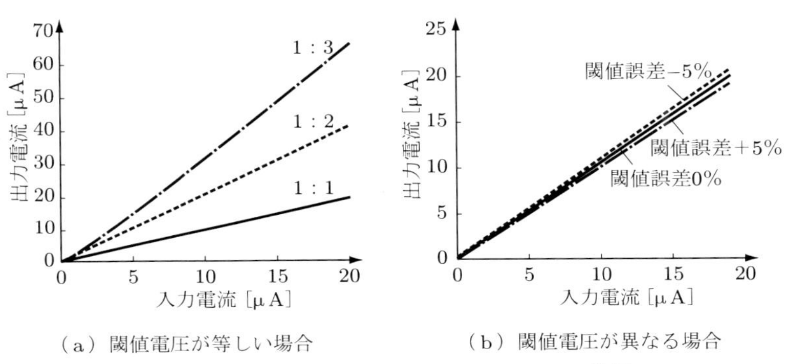

（a）閾値電圧が等しい場合
（b）閾値電圧が異なる場合
図3.15 電流ミラー回路のシミュレーション結果

があれば，式(3.14) と式(3.15) が成立しなくなるので，アナログ回路の設計においては，製造ばらつきを十分考慮することが必要である．

図3.16にはチャネル幅0.35μm，チャネル長1.4μmのMOSFETで構成した電流ミラー回路において，V_{th}の誤差が0％の場合と，V_{th}の誤差が5％で，かつチャネル長を2倍に変更する前後の入出力特性を示す．図からわかるように，チャネル長を大きくすることでV_{th}のばらつきの影響を軽減できる．

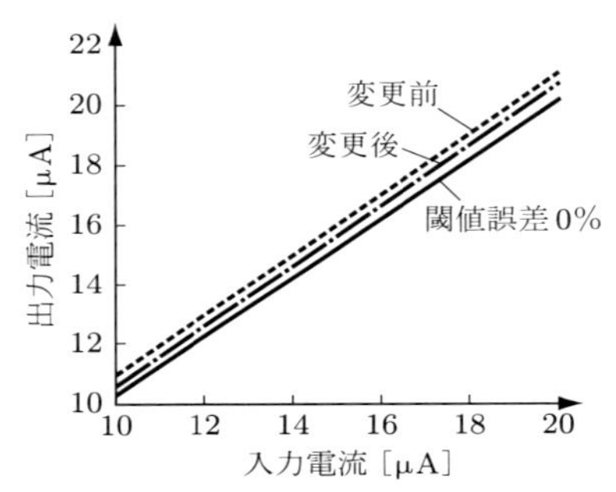

図3.16　チャネル長Lの増加による閾値電圧誤差の低減

2）カスコード電流ミラー回路

図3.17にカスコード電流ミラー回路のシミュレーション結果を示す．図 (a) より，入出力の電流比が従来の電流ミラー回路に比べて改善されていることが

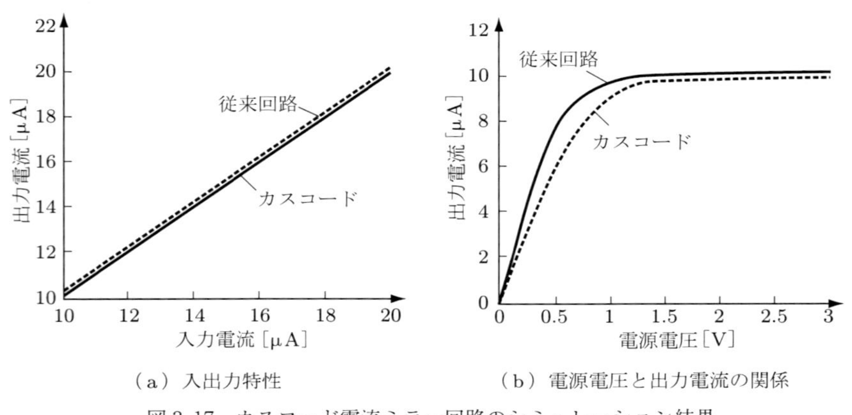

（a）入出力特性　　（b）電源電圧と出力電流の関係

図3.17　カスコード電流ミラー回路のシミュレーション結果

わかる．しかし，入力電流 10μA 一定での電源電圧と出力電流との関係（図(b)）から，出力段の MOSFET の駆動電圧が高く，低電源化には不向きである．

3）差動増幅回路

図 3.18 は差動増幅回路のシミュレーション結果で，実線は電源電圧が一定，破線は外部ノイズを想定して電源電圧を ±5% 変動させた場合である．比較のために，図 3.19 に差動構成を用いていないソース接地増幅回路のシミュレーション結果を示す．図から，差動構成を用いていないソース接地増幅回路では入力電圧の変動に対して出力電圧が敏感に変化することがわかる．これに対して，差動増幅回路では電源電圧の変動の影響を低減できる（図 3.18）．

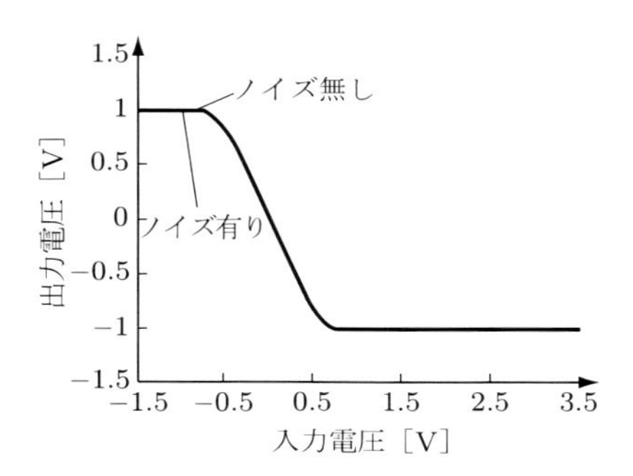

図 3.18　差動増幅回路のシミュレーション結果

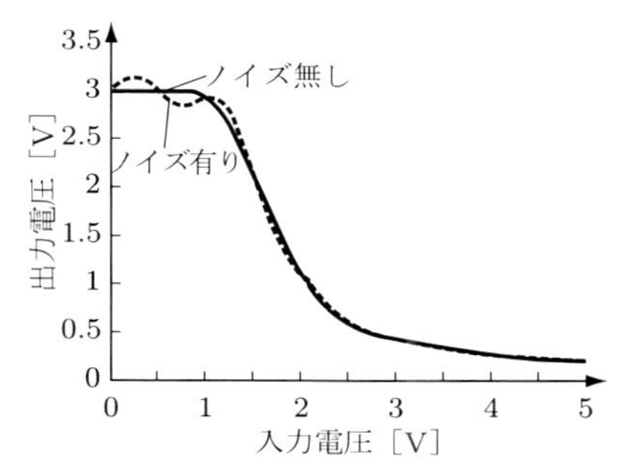

図 3.19　差動構成を用いていないソース接地増幅回路のシミュレーション結果

4）インバータ回路

図 3.20 はシミュレーションを行う CMOS インバータ回路である．この回路の挙動解析用 SPICE プログラムと内容は，次の通りである．

CMOS インバータ回路のプログラムの一例

```
* CMOS インバータ回路 ………………………………………… (1)
.LIB  MOS.lib ………………………………………………… (2)
VDD   1 0 DC 3V
Vin   2 0  PULSE (0V 3V 0us 40ns 40ns 0.92us 2us)  … (3)
M1    3 2  1 1    PMOS  W=2.8u  L=0.35u  … (4)
M2    3 2  0 0    NMOS  W=2.8u  L=0.35u
```

```
.TRAN 1ns  14us  10us ································ (5)
.PRINT TRAN V(3) ····································· (6)
.END ·················································· (7)
```

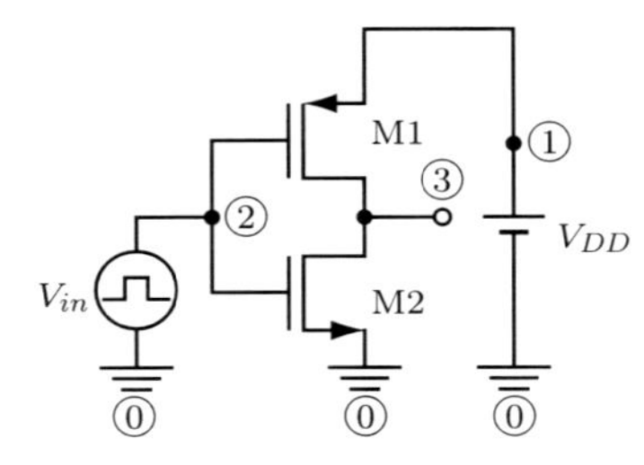

図3.20　CMOSを用いたインバータ回路

プログラムの概略を次に示す.

■プログラムの解説

(1)　プログラムの表題（タイトル）の記述

(2)　ライブラリの呼び出し

(3)　パルス電圧源の指定

振幅3V, 遅延時間0s, 立上り時間40ns, 立下り時間40ns, パルス幅920ns, 周期2μsの周期方形波パルスを定義する.

(4)　MOSFETの指定

(5)　過渡（TRAN）解析の指定

10μsから14μsまで, 1nsごとに測定することを定義する.

(6)　出力書式の指定

(7)　プログラムの終了

図3.21にシミュレーション結果を示す. 図（a）は入出力波形の時間変化, 図(b)はp-MOSFETとn-MOSFETのV_{th}を10％ずらした時の動作状態が切り替わる領域の拡大図である. 図（b）から明らかなように, ディジタル回路はアナログ回路と異なり. 出力電圧はV_{th}のばらつきの影響をあまり受けないが, 出力が切り替わるタイミングが微妙にシフトする.

このタイミング誤差が, ディジタル回路のハザードの原因となるので注意す

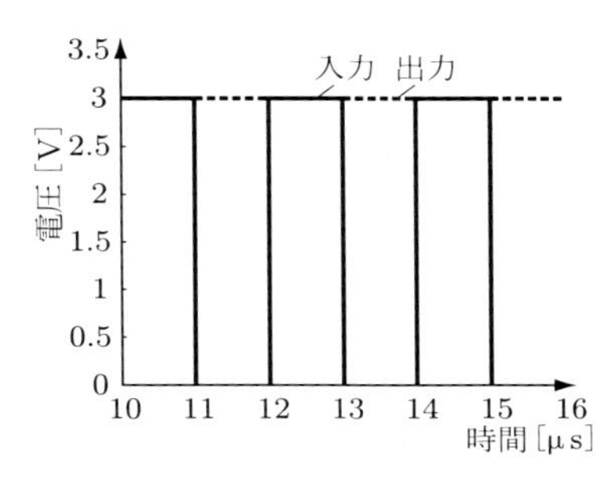

（a）入出力波形

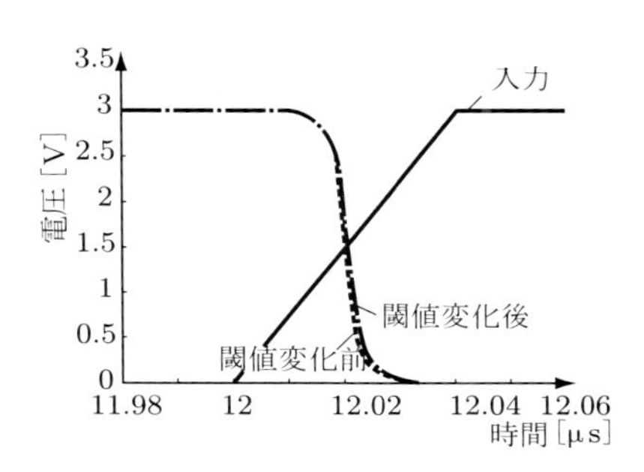

（b）閾値電圧の違い（10%）による過渡状態の変化

図 3.21 CMOS インバータ回路のシミュレーション結果

る必要がある．**ハザード**とは，ディジタル回路の入力の組み合わせが変化したとき，内部状態の不揃いによって一時的に誤った結果を出力する現象である．

5）NAND 回路と NOR 回路

NAND 回路（図 3.2（a））と NOR 回路（図 3.2（b））に入力パルスを印加した場合のシミュレーション結果（入出力電圧対時間特性）を，図 3.22 と図 3.23 にそれぞれ示す．両図から，設計した回路がそれぞれ NAND 回路と NOR 回路として動作していることがわかる．

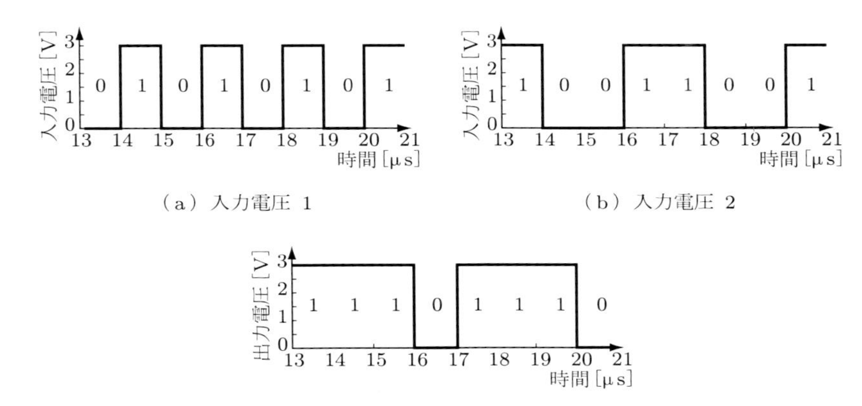

（a）入力電圧 1

（b）入力電圧 2

（c）出力電圧

図 3.22 NAND 回路のシミュレーション結果

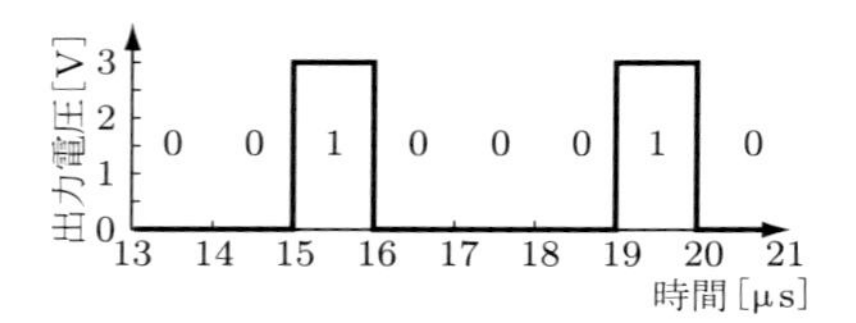

図 3.23　NOR 回路のシミュレーション結果

6）無安定マルチバイブレータ

図 3.24 に示す無安定マルチバイブレータのシミュレーション結果から，図 3.3 の回路が無安定マルチバイブレータとして，正常に動作していることがわかる．この出力電圧の周期は，式(3.12) にしたがって回路の抵抗と容量で調整できる．

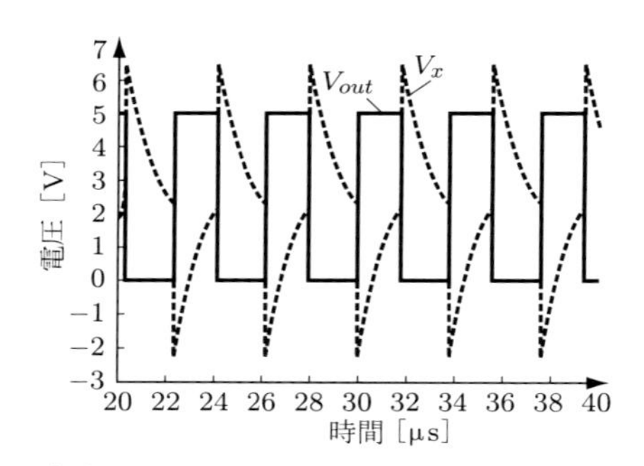

図 3.24　無安定マルチバイブレータのシミュレーション結果

これまで述べた回路シミュレーションの結果から明らかなように，製造パラメータのばらつきによって各種回路の特性が変化する．この特性変動を低減するには，IC の設計時に，閾値電圧の変動，チャネル長変調効果，寄生素子効果などを考慮する必要がある．

例題 無安定マルチバイブレータの出力特性を，回路シミュレータ SPICE を用いて解析せよ．

解答 PSPICE によって解析した無安定マルチバイブレータの回路とそのネットリストの一例は次の通りである．

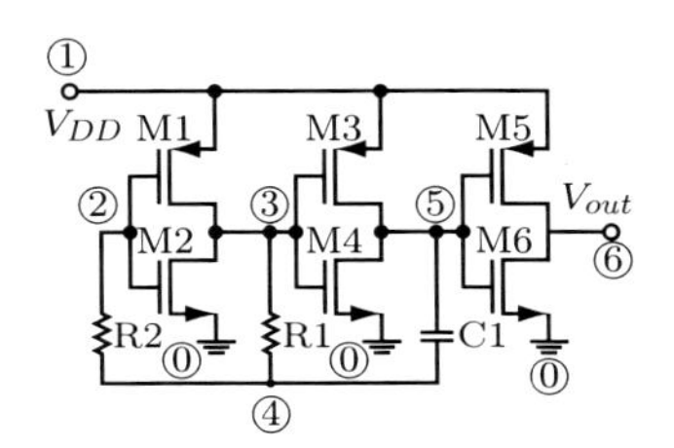

プログラムリスト

```
*無安定マルチバイブレータ
.LIB   MOS.lib
VDD    1   0   DC   5V
R1     3   4   10k
R2     2   4   400k
C1     5   4   4p
M1     3   2   1    1    PMOS    W=10u   L=5u
M2     3   2   0    0    NMOS    W=5u    L=5u
M3     5   3   1    1    PMOS    W=10u   L=5u
M4     5   3   0    0    NMOS    W=5u    L=5u
M5     6   5   1    1    PMOS    W=10u   L=5u
M6     6   5   0    0    NMOS    W=5u    L=5u
.TRAN  1ns  40us  20us
.PRINT TRAN V(6)
.END
```

このネットリストでは，上記のシミュレーションと同様に，MOSFET 用のデバイスパラメータを MOS.lib に格納する．また，この回路シミュレーションでは，インターネット上の SPICE 3，WinSPICE 等のトライアル版を使用することができる．

3.5 レイアウト設計

3.5.1 寄生効果の抑止

前節の回路シミュレーションの結果から明らかなように，アナログ回路では，製造工程におけるデバイスパラメータのばらつきによって，回路特性が変動し，最悪の場合，回路が発振する．また，ディジタル回路でもアナログ回路と同様に，1.2節で述べたDFMの観点からレイアウト設計時に，①寄生効果抑止，②マッチング（整合）特性向上，③ノイズ耐性向上，④パターン保護を考慮しなければならない．

通常の回路設計では，寄生素子の効果を無視した理想的な状態で回路解析を行う．しかし，実際のICでは各電極をつなぐ配線や電極材料などでトランジスタの特性が影響を受けるので，レイアウト設計では，寄生抵抗や寄生容量の影響を考慮して，理論解析の設計結果を実回路の挙動に近づける必要がある．

1）寄生素子の種類

表3.1に示す**寄生抵抗**や**寄生容量**の値は，第4章で説明する各種製造プロセスで決定されるパラメータである．

表3.1　寄生素子の種類

寄生抵抗		寄生容量
コンタクト抵抗	配線抵抗	
n形拡散層-配線間抵抗	n形拡散層抵抗	フリンジ容量
p形拡散層-配線間抵抗	p形拡散層抵抗	対基板容量
ゲート-配線間抵抗	ポリシリコン抵抗	
配線-配線間抵抗	金属配線抵抗	

抵抗Rは，抵抗率をρとすると周知のように長さlに比例し，断面積Sに反比例する．

$$R = \rho \frac{l}{S} \ [\Omega] \tag{3.30}$$

また，単位面積あたりの抵抗値（シート抵抗R_s）は，抵抗の長さと幅が等しいと仮定すると，次式で定義される．

$$R_s = \rho \frac{l}{S} = \frac{\rho}{d} \ [\Omega / \square] \tag{3.31}$$

式で d は配線の厚さである．また，単位の□は単位面積をあらわす．ここで配線の幅を w とすると，R は次式のように変形できる．

$$R = R_s \frac{l}{w} \ [\Omega] \tag{3.32}$$

図 3.25 は n-MOSFET のドレイン（ソース）領域における寄生抵抗のイメージ図で，拡散層から金属配線までの間に，拡散層抵抗 R_{SN}，拡散層-配線間抵抗 R_{CN}，配線-配線間抵抗 R_{SM} が存在していることがわかる．

配線抵抗を低減するには，配線を太くし，トランジスタ同士を極力接近させるレイアウトが重要である．具体的には，IC チップ全体に引き回す GND 線

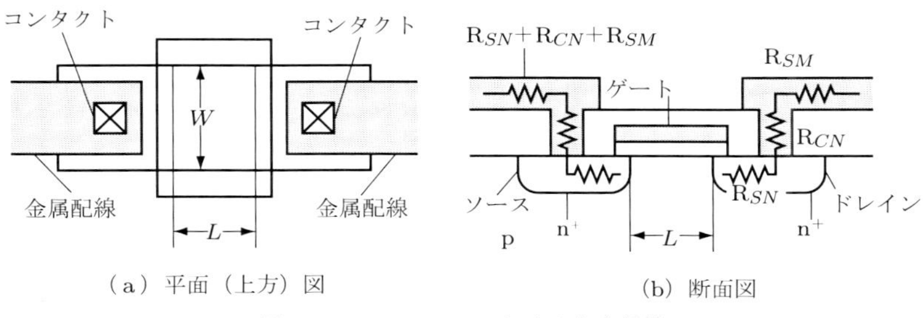

（a）平面（上方）図 （b）断面図

図 3.25 MOSFET における寄生抵抗

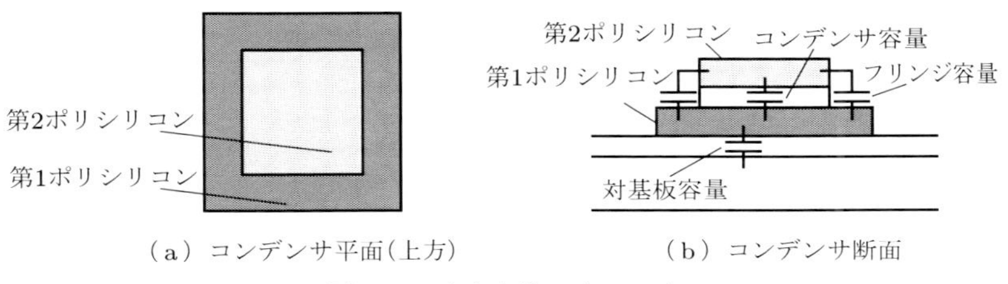

（a）コンデンサ平面（上方） （b）コンデンサ断面

図 3.26 寄生容量のイメージ

や電源などの基準電位線は，寄生抵抗の影響を低減するために太い配線を使用する必要がある．

図3.26は，第1ポリシリコンと第2ポリシリコンで形成されたフローティング容量（図2.21（a））における寄生容量である．図のように，接合部側面のフリンジ容量やデバイスと基板との間に容量が発生し，この寄生容量が高周波回路の動作に大きな影響をおよぼすことになる．

2）寄生抵抗低減のレイアウト法

寄生抵抗を減少させるには，ICの電極と外部配線とをつなぐ**コンタクト**の配置を考慮する必要があり，図3.27にMOSFETのドレイン（ソース）領域における寄生抵抗の低減例を示す．寄生抵抗は通常の抵抗素子と同じく，並列

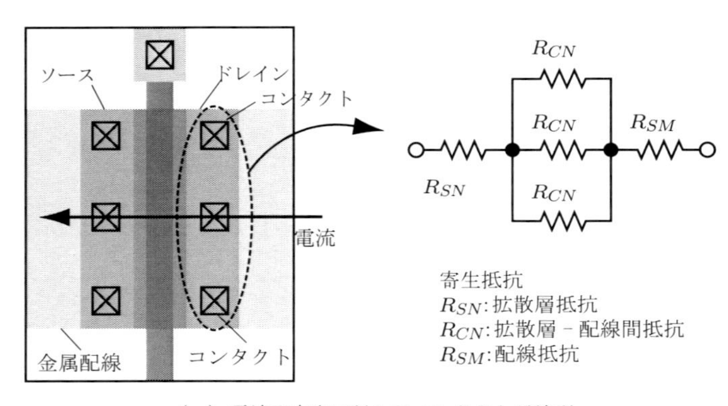

（a）電流の方向に対してコンタクトが並列

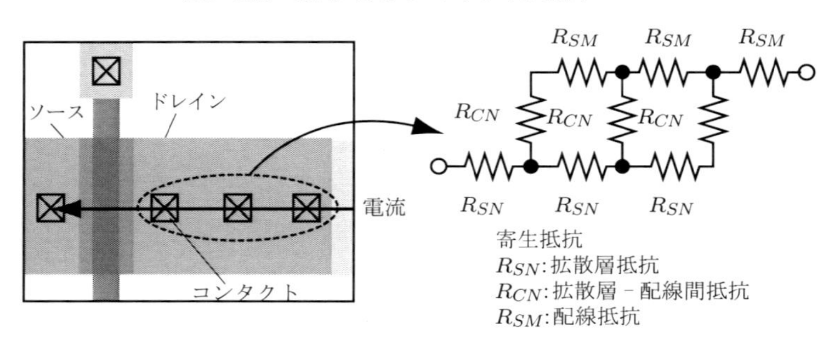

（b）電流の方向に対してコンタクトが直列

図3.27　コンタクトの配置

配線で抵抗値を小さくすることができるので，図（a）のように，電流の進行方向に対してコンタクトが並列になるようにレイアウトする．これに対して，電流の進行方向に対してコンタクトが直列構造（図（b））の場合は，逆に抵抗が増加するので，コンタクト抵抗の低下には効果がない．

また，配線抵抗を低減する別のレイアウト法として，図 3.28 に示すような領域の共有化も有効で，寄生抵抗の低減と同時に，デバイスのマッチング特性を向上させることもできる．

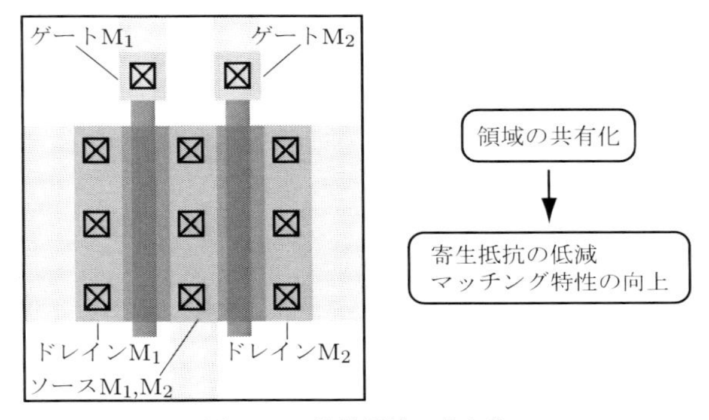

図 3.28　拡散領域の共有化

ポリシリコン抵抗の影響の低減には，ゲートフィンガー構造が用いられる．図 3.29 にチャネル幅が大きい MOSFET におけるレイアウトの一例を示す．図のようなレイアウトでは，ゲートからドレインコンタクトやゲートからソースコンタクトまでの距離が長く，寄生抵抗が大きいことに注意する必要がある．

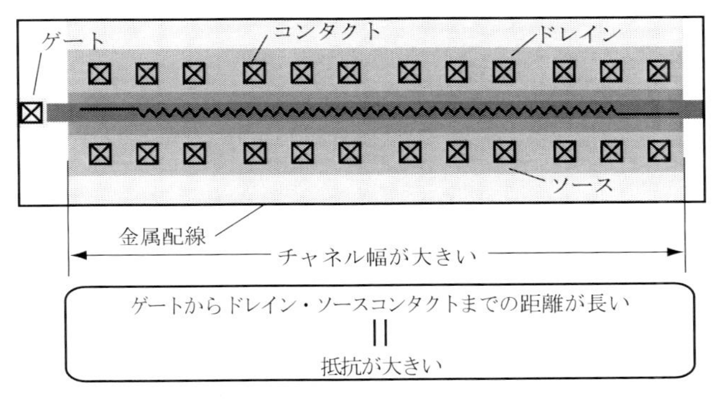

図 3.29　チャネル幅の広い MOSFET

これに対して，図 3.30 のゲートフィンガー構造ではゲートからドレインコンタクトやソースコンタクトまでの距離が短く，寄生抵抗の影響を低減することができる．

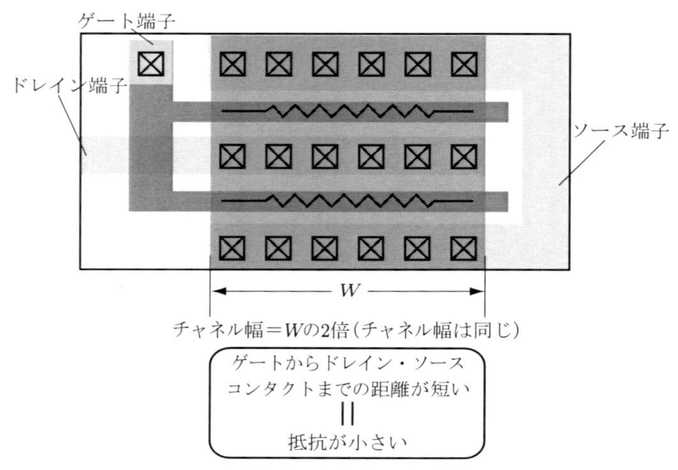

図 3.30　ゲートフィンガー構造によるレイアウト

また，配線抵抗では基準電位の均一化を考慮しなければならない．電流ミラー回路のように，トランジスタ特性の整合が要求される回路では，基準電位の均一化が必要であるが，図 3.31 のようにコンタクトを配置した場合には配線

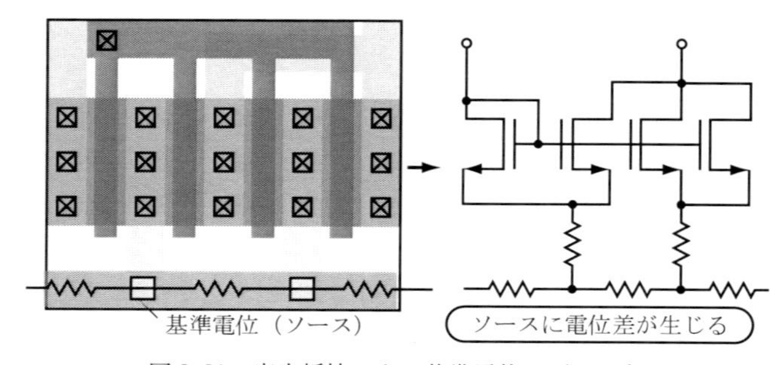

図 3.31　寄生抵抗による基準電位のばらつき

抵抗の影響によって基準電位が不均一になる．そこで，配線抵抗の影響によって特性がばらつかないように，一点のコンタクトから給電するレイアウト法が用いられる（図 3.32）．基準電位となる各ソース電極に，それぞれのコンタクトを配置した図 3.31 の場合では，ソースの電位が不均一になるが，図 3.32 のように配置することで基準電位をほぼ均一に保つことができる．

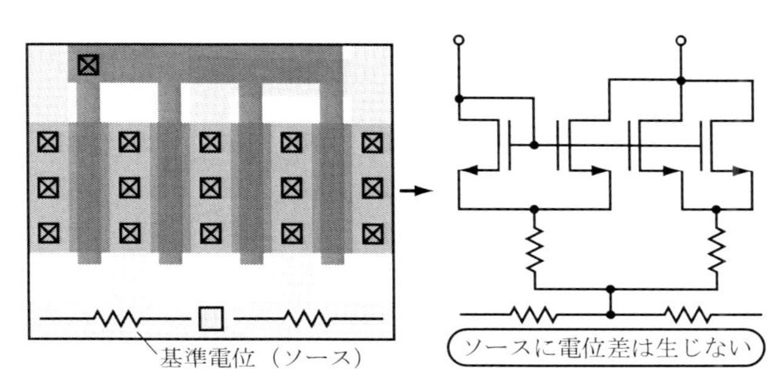

図 3.32　基準電位の均一化のレイアウト

3）ラッチアップ対策用レイアウト法

ラッチアップは，CMOS 回路の入力端子に電源電圧よりも高い電圧が印加されて大電流が流れて，回路が発熱しトランジスタが破壊される現象である．これは，寄生抵抗である拡散層抵抗，コンタクト抵抗，配線抵抗が主に起因する．図 3.33 に示すように，CMOS には構造的に**サイリスタ**（pnpn）構造が存在するので，大電流を自動生成させる原因になる．

図 3.34 にサイリスタ構造とその等価回路を示す．アノード電流 I_A は次式で与えられる．

$$I_A = \frac{I_{S2} + A_2 I_G}{1 - (A_1 + A_2)} \tag{3.33}$$

ここで，I_{S2} は中央の n_1 と p_1 接合の逆バイアス時に流れる電流，I_G はゲート電流，A_1 は p_1 から p_2 に流れる正孔の割合，A_2 は n_2 から n_1 に流れる電子の割合である．

式(3.33) からわかるように，$(A_1 + A_2)$ が 1 に近くなると大きな電流が流

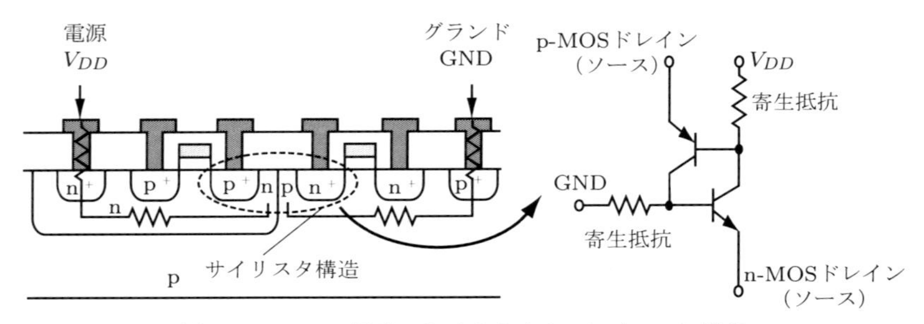

図 3.33　CMOS 構造におけるサイリスタ（pnpn）構造

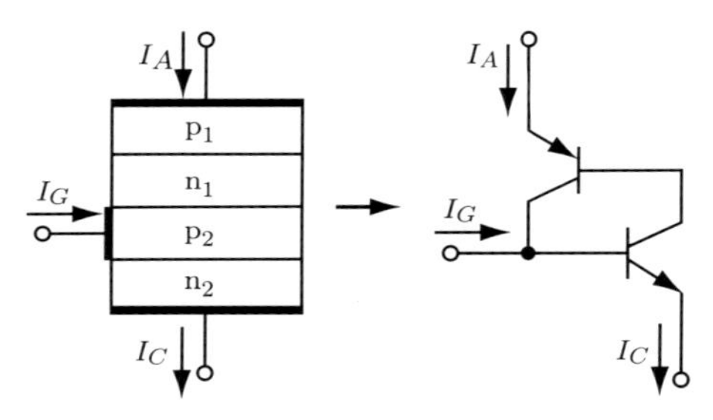

図 3.34　サイリスタとその等価回路

れる．寄生抵抗が大きいと，p-MOSFET のドレイン電圧が n 拡散層（n ウェル）に印加される電源電圧 V_{DD} より大きくなり，サイリスタ構造に大電流が流れる．

ラッチアップを防ぐレイアウトとしては，図 3.35 に示すように電源や GND

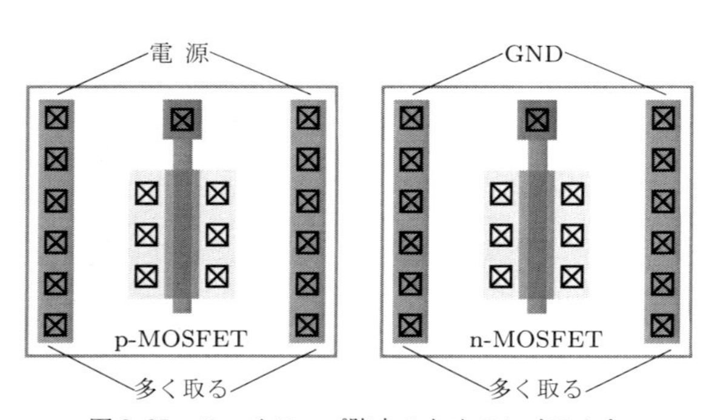

図 3.35　ラッチアップ防止のためのレイアウト

の電位を与えるコンタクトを多く取って寄生抵抗値を低減させる方法と，p-MOSFET と n-MOSFET の境界部にも同様のコンタクトを取る方法の２種類がある．

3.5.2 マッチング特性の向上

電流ミラー回路や差動増幅器の設計時には，構成する MOSFET のマッチング（特性が等しいこと）が要求される．同じモデルパラメータを使用すれば，回路シミュレーションでのトランジスタ特性は同一になるが，実際の IC ではデバイス特性にばらつきが生じてくる．このばらつきを誘発する主な要因としては，①レイアウトパターンの偏り，②局所発熱の二つがあり，これらを軽減するレイアウト手法が重要となる．

1）レイアウトパターンの偏り

リソグラフィ技術（4.4 節）で述べるが，図 3.36 に示すように隣接部からの反射の有無によってレジスト露光量が不均一になり，パターンの仕上がり寸法が変動する．あわせて，チップ上の設計パターンの疎密度によってエッチングのスピードも変化するので，パターンの仕上がり寸法もばらつく．具体的には，パターン密度が高い場合にはエッチングスピードが遅く，パターン密度が低い場合にはエッチングスピードは速くなる．このパターンの疎密度による仕上がり寸法の変動は，ローディング効果と呼ばれ，この効果を低減するには，図 3.37 に示すダミーパターンレイアウト方法が有効である．この方法では，

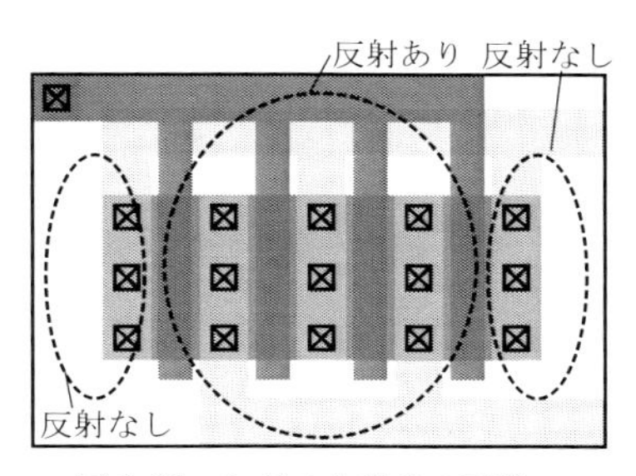

図 3.36 レジスト露光の不均一

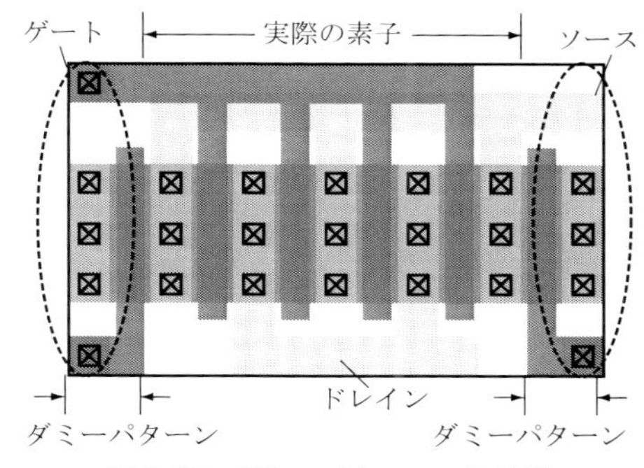

図 3.37 ダミーパターンの具体例

デバイス両端に回路とは直接関係のないパターンをレイアウトすることで，露光量とチップ上でのパターンの疎密度を均一化して，パターンの仕上がり寸法の変動を抑えることができる．

チップの加工精度はデバイスの占有面積には関係せず，それとほぼ等量の誤差を持つ．占有面積が小さい容量素子ではその誤差の比率も大きくなる．そこで，正確な容量比が要求される容量素子はレイアウト時に特に注意が必要である．この問題を解決するには，図3.38（b）に示すように個々の容量素子を配列状に並べることが有効である．

イオン注入工程によって，ドレイン-ソース領域にオフセットが生じて，MOSFETの静特性が非対称になることは4.6.2項で詳細を説明する．この影響は，図3.39のように電流方向を対称線と並行になるようにレイアウトすることによって，緩和することができる．

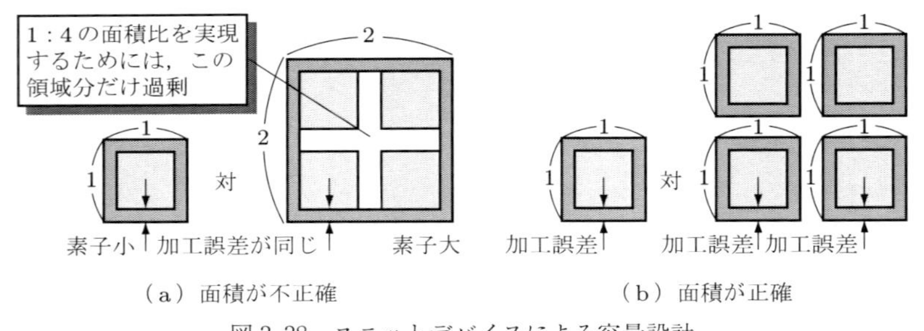

図3.38　ユニットデバイスによる容量設計

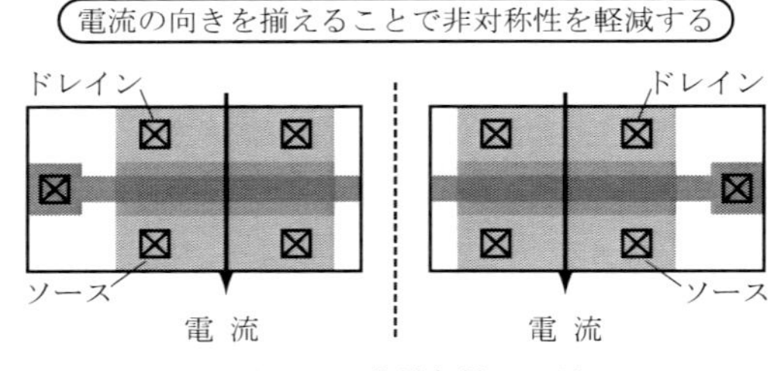

図3.39　非対象性の回避

2）局所発熱

ICに消費電力が大きな回路がふくまれている場合，その回路の近傍で局所的に発熱する．この局所的な温度の上昇によって，回路を構成するトランジスタの特性に不整合が生じると同時に，5.4節のエレクトロマイグレーションも誘発することになる．また，アルミニウムや銅の金属配線やポリシリコン配線に許容以上の電流が流れると，配線が溶断するおそれがある．この**局所発熱**の影響を低減するレイアウト法としては，次の三つの方法がある．

①トランジスタ対を等温度線上に配置．

②消費電力の大きい回路ブロックを対称に配置．

③デバイスをコモンセントロイドに配置．

コモンセントロイドとは，図3.40のようにデバイスの重心位置が一点に交わるように配置するレイアウト方法で，トランジスタM_1，M_2の組の重心を一致させて，局所的な発熱を抑える配置法である．

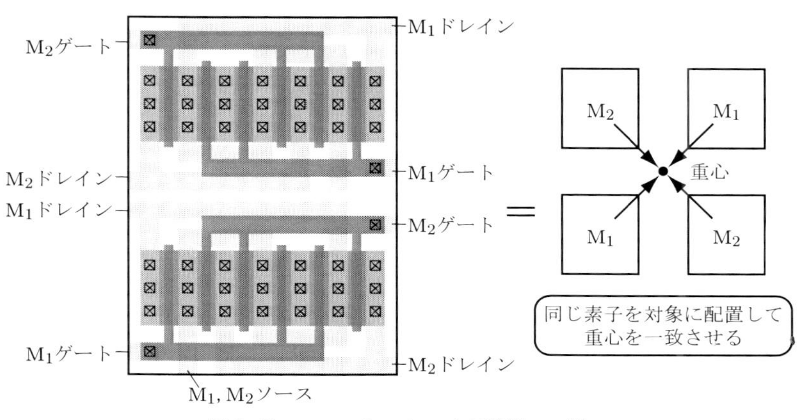

図3.40　コモンセントロイド配置の一例

3.5.3 ノイズ耐性の向上

微細化と低電圧化にともなって，ノイズに対する要求も厳しくなっている．また，アナログとディジタル回路を混載したSoCなどのディジタル回路はクロックパルスで駆動するので，クロックパルスで生じた大きなノイズによってアナログ回路が悪影響を受ける．この他に，アナログ回路に影響をおよぼすノイズとしては，電源の電位変動や寄生容量による信号カップリングノイズがある．

電源ラインから混入するノイズの除去法は，分離領域をチップ内に設けるガードリングを使う手法がある．図3.41はガードリングの具体例である．このように，デバイス周辺を金属配線で取り囲んで，可能な限りコンタクトを取れば，ノイズの混入をより効果的に阻止することができる．理想的には，図3.42のようにアナログ部とディジタル部を分離し，その間をガードリングすれば完全に容量結合を防ぐことができる．一方，アナログとディジタル回路双方の信号線間のカップリングノイズを防ぐ方法としては，①対象となる信号線を固定電位（たとえば接地）の信号線でシールドする，②逆位相の信号線を並走させないなどが一般的で，場合によってはある区間ごとに信号線の順番を入れ

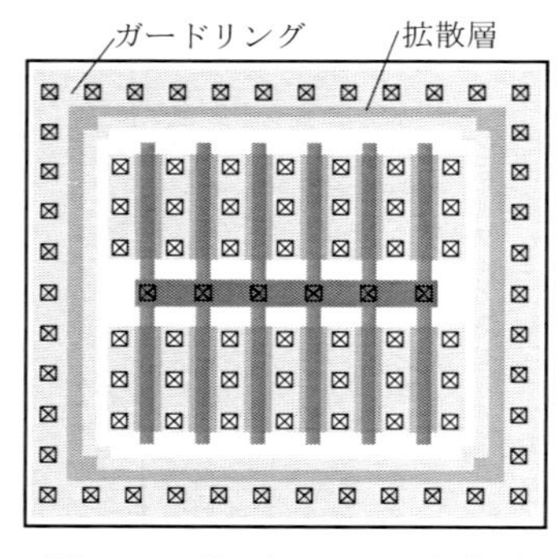

図3.41　ガードリングの具体例

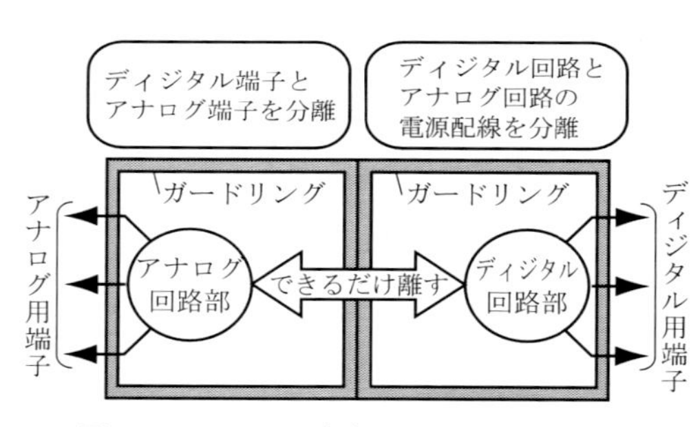

図3.42　アナログ部とディジタル部の分離

替えるツイスト配線を行うことも採用されている．

3.5.4 パターンの保護

回路のパターンを保護し，ICの歩留や特性の信頼性を向上させるには，①物理的な外力によるパターン損傷の回避，②電気的な充電損傷の低減などが必要である．5.10節で説明するように，パッケージングによる応力で酸化シリコン膜などの保護膜にひびが入る．また，4.7節で述べるように，CMP（化

学的機械的研磨）によって銅配線にはディッシングが発生し，断線しやすくなる．これらの影響を軽減するには，後で説明するようなスリット配線が有効である（図 4.31）．本章で述べた製造ばらつきを考慮したレイアウト設計は，IC の微細加工プロセスの進展により日々変化することを念頭に置く必要がある．

第3章のまとめ

- MOSIC を構成するディジタル，アナログ回路のほとんどが CMOS 回路で構成されており，各種用途に応じてインバータ回路や差動増幅回路に利用されている．
- ディジタル IC の設計は，自動設計ツールより短時間に可能であるが，アナログ IC の設計では，回路設計とレイアウト設計がディジタル IC に比べて複雑である．
- ディジタル IC では自動設計ツールが多用されるのに対して，アナログ IC では手動での設計が主流である．しかし，製造プロセスの微細化にともなって，ディジタル IC においてもカップリングノイズなどに対処するために，アナログ IC と同様な動作検証が必要である．
- 回路シミュレーションとして SPICE が代表的であり，製造パラメータのばらつきがデバイス特性におよぼす影響を考察する手段として有力ある．
- 製造容易化設計を実現するためには，製造ばらつきを設計段階で補正する必要がある．この補正にはレイアウト設計段階での対応が有効で，コンタクトやガードリングの配置などがいろいろと工夫，考案されて実用化にいたっている．

4 MOS 集積回路の製造技術

Si-MOS 集積回路（IC）の製造工程は，図 4.1 に示すように前工程（ウェーハ処理工程）と後工程（組立工程）の二つに大別できる．**前工程**では，①洗浄，②酸化，③エッチング，④リソグラフィ，⑤ドーピング（熱拡散，イオン注入），⑥成膜，⑦配線の各工程が，3.3 節で作製されたフォトマスクにもとづいて繰り返され，**後工程**（①ダイシング，②ダイボンディング，③ワイヤボンディング，④封止）後の検査工程を経て，IC が完成する．これら製造技術を，製造環境に続いて各工程に実用されている装置を例に挙げて説明し，あわせて装置の平均的な製造ばらつきについても記述する．

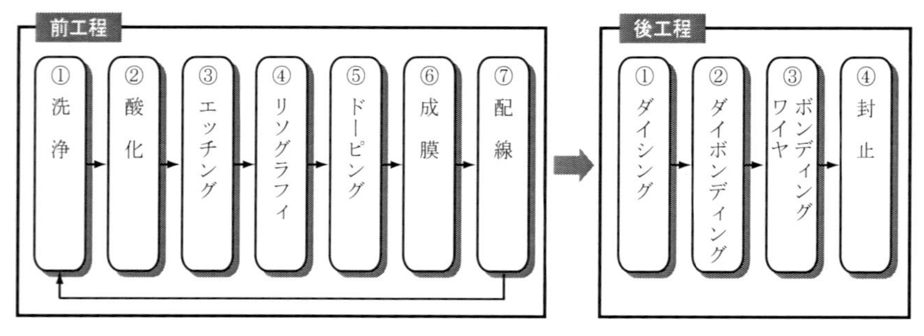

図 4.1 Si-MOSIC の製造工程

4.1 製造環境

集積度の増大とともに，構成素子や配線寸法が激減し，最先端の MOSFET のゲート長は 0.1μm（100nm）以下である．図 4.2 に示すように，人の毛髪（直径：～100μm），バクテリア（bacteria：～3μm）より小さく，ウィルス（virus：～0.03μm = 30nm）と同程度の微細加工が行われている．高性能，高信頼性で高い歩留が要求される集積回路（IC）は，空気中の塵埃（微小パーティクル（粒子）や微量不純物）を取り除いたクリーンルーム内で製造しなければならない．

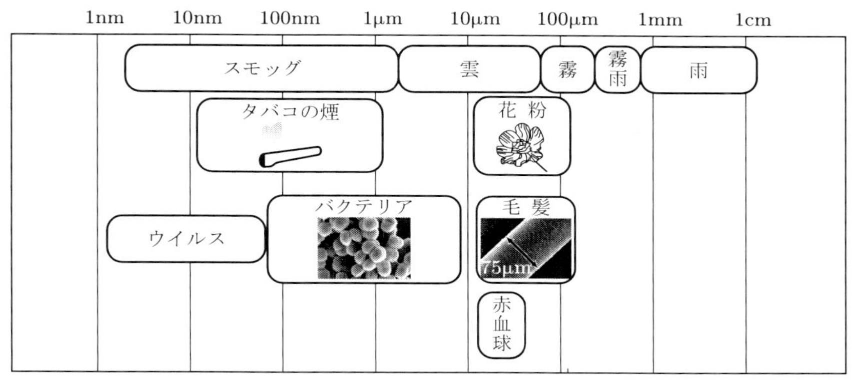

図 4.2　各種粒子の比較

4.1.1 クリーンルームの定義とクリーン度の分類

クリーンルームは，最も古くから用いられてきた米国連邦規格 No. 209 では次のように定義されている．「クリーンルームは，粒子濃度が定められた値以下であり，温度，湿度および室内圧力が仕様値を満たす空間である」

クリーンルームにおける空気中の清浄さを示す清浄度はクラス別に分類されており，その規格には従来から米国連邦規格が広く用いられてきた（表 4.1）．これは，単位容積を ft^3 として基準粒径は 0.5μm 以上である．この規格での清浄度クラス 100 とは，0.5μm 以上の粒子数が 1 ft^3 中に 100 個以下のことである．同様に，クラス 1000，クラス 10000，クラス 100000 とクラス分けがされている．一般環境の ft^3 中の粒子数を表 4.2 に示すが，通常の居室はクラス表示をするとクラス 100 万に相当する．米国連邦規格は，No. 209（1963 年）発行の後，数回の改訂が行なわれ No. 209A，209B，209C，209D（1988 年），209E（1992 年）と変遷してきた．

米国連邦規格 No. 209 の単位は ft であるが，1999 年にメートル法を用いた ISO 規格が制定された．表 4.3 に示すこの規格では，1 m^3 中に 0.1 μm 以上の

表4.1　米国連邦規格 No. 209

クラス	測定粒径［μm］				
	0.1	0.2	0.3	0.5	5.0
1	35	7.5	3	1	NA.
10	350	75	30	10	NA.
100	NA.	750	300	100	NA.
1000	NA.	NA.	NA.	1000	7
10000	NA.	NA.	NA.	10000	70
100000	NA.	NA.	NA.	100000	700

（NA.；無指定）

表4.2　一般環境の粒子数（ft^3）

場　所	粒子数
一般事務所	80～200万
一般事務所（喫煙）	200万～500万
工場（非作業時）	50～80万
交差点	100万～1000万
富士山五合目 （早朝，人少ない）	20～50万
富士山五合目 （登山者多い，風あり）	100万～150万

表4.3　清浄度の ISO 規格（JIS B 9920）

清浄度クラス	上限濃度［個/m^3］測定粒径					
	0.1μm	0.2μm	0.3μm	0.5μm	1μm	5μm
1	10	2				
2	100	24	10	4		
3	1000	237	102	35	8	
4	10000	2370	1020	352	83	
5	100000	23700	10200	3520	832	29
6	1000000	237000	102000	35200	8320	293
7				352000	83200	2930
8				3520000	832000	29300
9				35200000	8320000	293000

粒子数が 10000 個以下の場合，そのべき数をとりクラス 5 と定義している．米国連邦規格と ISO 規格との対応表が表 4.4 である．現在はこれら二つの規格は併用されている．ISO 規格は，日本から提案があった JIS 規格を元に作成された．現在，両規格は整合が取られており，同一と考えてよい．

表 4.4 米国連邦規格と ISO 規格との対応表

	米国連邦規格		JIS B 9920	ISO 14644-1
	209D	209E		
基準粒径	0.5μm 以上		0.1μm 以上	
単位体積	ft^3	m^3		
クラス表示			1	ISO 1
			2	ISO 2
		M1		
	1	M1.5	3	ISO 3
		M2		
	10	M2.5	4	ISO 4
		M3		
	100	M3.5	5	ISO 5
		M4		
	1000	M4.5	6	ISO 6
		M5		
	10000	M5.5	7	ISO 7
		M6		
	100000	M6.5	8	ISO 8
		M7		
				ISO 9

表 4.5 は IC や電子，精密機器などの各種機器の製造工程において一般的に要求されているクリーン度をまとめたものである．各種機器における製造環境のクリーン度と対象とする**粒径**の大きさを決定する場合はこの表を参考にして考慮する必要がある．

表4.5　各種機器の製造工程におけるクリーン度

分野		工程	洗浄度（クラス）					
			M1.5 1	M2.5 10	M3.5 100	M4.5 1,000	M5.5 10,000	M6.5 100,000
集積回路	ウェーハ	結晶				●	─	●
集積回路	ウェーハ	研磨				●	─	●
集積回路	ウェーハ	洗浄		●	─	─●		
集積回路	ウェーハ	検査		●	─●			
集積回路	加工	酸化		●	─	─	●	
集積回路	加工	レジスト塗布		●	─	●		
集積回路	加工	リソグラフィ	●	─	─	●		
集積回路	加工	エッチング，洗浄		●	─	─	●	
集積回路	加工	拡散		●	─	─	●	
集積回路	加工	蒸着		●	─	─	●	
集積回路	組立	ダイシング				●	─	●
集積回路	組立	ダイボンディング				●	─	●
集積回路	組立	封入				●	─	●
集積回路	組立	石英管洗浄		●	─	─	●	
電子機器		磁気ディスク			●	─	●	
電子機器		磁気ドラム			●	─	●	
電子機器		磁気テープ			●	─	●	
電子機器		ブラウン管		●	─	─	●	
電子機器		高信頼管		●	─	●		
電子機器		LCD，CCD		●	─	─	●	
精密機械		ジャイロスコープ			●	─	●	
精密機械		ミニチュアベアリング			●	●		
精密機械		人工衛星部品			●	─	─	●
精密機械		ベアリング					●	●
精密機械		時計，計器				●	─	●
光学・印刷		LSIマスク	●	─	─	●		
光学・印刷		レンズ			●	─	●	
光学・印刷		プリント板			●	─	─	●
光学・印刷		フィルム				●	─	●
光学・印刷		精密印刷				●	─	●
その他		無じん衣クリーニング			●	─	●	
その他		ワイパー製造			●	─	●	

4.1.2 クリーンルームの形態

クリーンルームの形態は，要求されるクリーン度によりその形態が異なる．クラス100に対しては，ダウンフロー：全面層流型（ラミナーフロー，一方向流型などとも呼ばれる）が適用される．これに対して，クラス1000～100000では，コンベンショナルフロー：乱流型（非一方向流型とも呼ばれる）が用いられる．トンネルクリーンは製造工程ごとに一つのトンネルのようなフローを形成する．クリーンルームの形態をまとめたのが表4.6である．クロスフローは水平形の全面層流方式で，無菌手術室，治療室などに用いられる．ミックスドフローは層流と乱流が混流したタイプである．

表4.6　クリーンルームの形態

項　目	ダウンフロー	クロスフロー	ミックスドフロー	コンベンショナルフロー	トンネルクリーン
方　式					
建設費	高	中	中	低	中
運転費	高	中	中	低	低
フレキシビリティ	容　易	難	比較的容易	容　易	難

（資料提供：日本エアーテック（株））

一般的に，全面層流型のクリーン度は高いが，設備費，運転費も高い．そのため，ルーム全体の清浄度クラスを低くし安価な設備とし，重要工程部のみクリーン度を高くするミニエンバイロメント方式が普及している．その例が図4.3で，周囲を透明ビニールシートで覆い，天井にクリーンユニットを設置した装置である．外形寸法は，内部に入る製造装置や作業内容に合わせて設計されおり，極めて安価で有用である．

4.1.3 作業者からの発塵

クリーンルーム内でもっとも塵埃を多く発生させるのは人（作業者）である．表4.7はオースチンの発塵係数（米軍規格　TO-00-25-203）であり，粉塵の概算によく利用される．これは，1人当たり1分間に発生する0.3μm以上の

図 4.3　ミニエンバイロメント方式の外観
（写真提供：日本エアーテック㈱）

粒子数を示している．表からわずかな動作でも多量な粒子が発生していることがわかる．作業者は，クリーンルーム内で製造される製品に近づくこともあり，歩留に多大な影響を与える．人からの発塵を抑えるためには，適切に管理されたクリーンルーム用作業衣を着用すること，動作はできるだけゆっくりすること（走ったりしないこと）などが重要である．また，クリーンルーム内の上流

表 4.7　オースチンの発塵係数

動　作	粒子の発生数	動作の説明
	100000	立姿または座姿で無動作
	500000	手，前腕，首および頭を動かす．
	1000000	手，腕，胴体，首，頭を動かす．下肢を動かす．
	2500000	立姿から座姿，座姿から立姿に動く．
	5000000 7500000 10000000	毎時 2 マイル（3.2km） 〃　3.5　〃　（5.6 〃） 〃　5　〃　（8.05 〃） で歩く

で発塵すると，下流に粒子が拡散するので，気流を確認する必要がある．図4.4は，クリーンで微細な霧を発生させて気流を可視する装置で半導体デバイス工程では多用されている．また，クリーンルームの動線計画も重要で，人の動きと製品，材料等の動きを分離するように計画することが重要である．

図4.4 気流可視装置
(写真提供：日本エアーテック㈱)

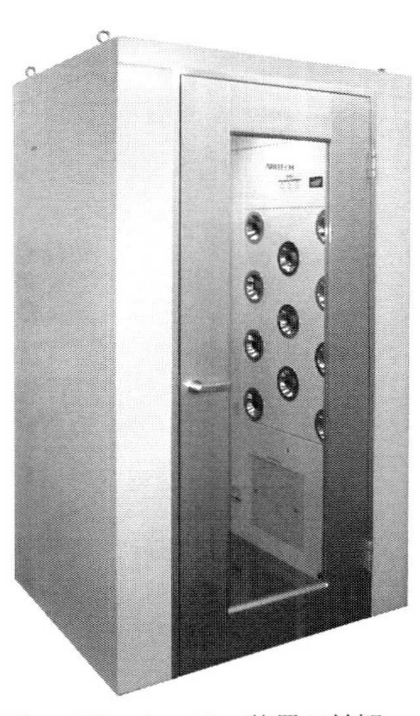

図4.5 エアーシャワー装置の外観
(写真提供：日本エアーテック㈱)

4.1.4 入室管理

クリーンルームは外部に対して陽圧になるように設計されている．これは，外部から塵埃などが流入しないためである．陽圧を維持するために，入口は必ず2重ドアで，両ドアが同時に開放されない構造になっている．また，クリーンルームの入口には，**エアーシャワー**装置（図4.5）が設置され，これも2重ドア構造になっている．作業者はエアーシャワーで衣服に付着した塵埃を除去した後にクリーンルームに入室する．また，物品材料などの出し入れ時には，パスボックスと呼ばれる両ドア式通過箱が用いられる．

4.1.5 クリーンルームの精度管理

クリーンルームの精度管理は粒子数の制御が主となるが，その他に温湿度の高精度制御が要求される．より高度なクリーン度が要求されるリソグラフィ工程では，露光装置など使用する装置を囲い，その内部温度を ± 0.1～ ± 0.01℃に，湿度を ± 1～3％RH に制御しなければならない．この場合は図 4.6 のような局所クリーンルームが有効である．

また，粒子の除去に加えてケミカルの除去も要求されるリソグラフィ工程（4.4 節）やウェーハを保管する場合などでは，ケミカルフィルターと呼ばれる特殊フィルターが用いられている．このフィルターは高価で交換頻度が多く，クリーンルームの設置時には維持費などのメンテナンス費用も考慮する必要がある．

図 4.6　局所クリーンルームの外観
（写真提供：日本エアーテック㈱）

4.2 洗浄技術

4.2.1 洗浄の目的

ICの製造工程中のウェーハ表面は，常にきれいな状態に保つ必要がある．しかし，装置内搬送中（真空ゲート弁開閉時など），製造プロセス中（エッチング時の不要生成物，レジストの残りなど），およびウェーハ運搬中に**パーティクル**（異物微粒子）や金属・化学汚染物質がウェーハの表面（や裏面）に付着する．パーティクルは配線不良の原因として，金属汚染による可動イオンは，構成回路の電気的特性（たとえば，MOSFETの閾値電圧）の変動の原因として，それぞれに悪影響をおよぼし歩留を下げる．このため，各工程で生じたパーティクルや汚染物質は適切に除去して，次の製作工程に進む必要がある．

4.2.2 洗浄の方法

ウェーハ洗浄は製造前洗浄に始まり，各工程毎に膜，配線の材質や除去したい物質の特性に応じた個別の洗浄が行われている．洗浄方法には酸，アルカリ溶液，有機溶剤を用いた化学的な方法と，ブラシ，メガソニック（1MHz程度の超音波），流体ジェット等を用いた物理的な方法の2種類があり，両者を合わせた洗浄も採用されている．製造工程でもっとも代表的な洗浄方法が**RCA洗浄**である．この洗浄方法はその名が示すとおり，1970年代の初めにアメリカのRCA社の研究所で開発され，現在でも広く使われている効果的な洗浄方法である．これまで多少の改良はあったが基本的な洗浄方法は変わっていない．表4.8にRCA洗浄法の流れを示す．

表のように，APM洗浄（$NH_4OH/H_2O_2/H_2O$混合液）（SC1洗浄），DHF処理（HF/H_2O），HPM洗浄（$HCl/H_2O_2/H_2O$混合液）（SC2洗浄）の組合せを基本洗浄として，APM洗浄前にSPM（H_2SO_4，H_2O_2混合液）洗浄，各洗浄後にDHF処理を加えたものが基本的な洗浄の流れである．日本の半導体製造メーカ各社は，この洗浄シーケンスをもとに各社各様の洗浄方法を組み合せて，独自の洗浄技術を確立している．

APM処理はH_2O_2によるウェーハ表面の酸化とNH_4OHによるシリコン酸

表4.8　RCA洗浄の流れ図と各処理による除去対象

洗浄液とシーケンス	除去対象
SPM (H_2SO_4/H_2O_2) ≒ 130℃ ↓	有機物汚染，金属汚染
DHF (HF/H_2O) ≒ 25℃ ↓	SPM中に形成された化学酸化膜中の金属汚染
APM ($NH_4OH/H_2O_2/H_2O$) 80〜45℃ (メガソニック) (SC1) ↓	パーティクル，有機物除去
DHF (HF/H_2O) ≒ 25℃ ↓	APM中に形成された化学酸化膜中の金属汚染
HPM ($HCl/H_2O_2/H_2O$) ≒ 80℃ (SC2) ↓	金属汚染
DHF (HF/H2O) ≒ 25℃ ↓ 乾燥	化学酸化膜 HPM中に形成された化学酸化膜中の金属汚染

＊各洗浄後に純水リンスが入る.

化膜（SiO_2）の除去が主目的で，ウェーハ表面とその下地膜表面に吸着しているパーティクルをエッチングによって同時に取り去るものである．表面のエッチングを抑えたい時は液温を下げ，超音波処理を付加することによりパーティクルの除去能力を向上させている．

HPM処理では金属付着物を除去する．Fe，Ni，Crなどの重金属やNa，Liなどのアルカリ金属はHCl/H_2O_2中で一種の錯化合物を生成するので，それを溶出して除去するものである．

最近では，廃液処理が面倒なRCA洗浄から，「オゾン純水洗浄」や「電解イオン水洗浄」などの「機能水洗浄」に移行する傾向にある．また，洗浄には高純度の水（超純水）が使用される．純水製造装置で作られた純水の比抵抗は10〜100kΩ·mで洗浄の目的に応じて使い分けられる．

洗浄後の乾燥法には，

①回転による遠心力を利用するスピンドライ法.

②イソプロピルアルコール（IPA）の蒸発を利用する乾燥法.

などがある．

これまでに述べたウェット洗浄のほかに，4.3.2項や4.5.2項で述べる

①O_2 プラズマガスを用いた炭化物エッチング．

②化学気相エッチング．

③スパッタ．

などの**ドライ洗浄**が微細な Si-MOSIC の製造工程で多用されている．

4.3 成膜技術

前工程における酸化，配線工程では，様々な薄膜の成膜が必要である．主な薄膜の種類と用途を表 4.9 に示す．代表的な薄膜は，①ゲート電極や素子間分離に用いるシリコン酸化膜（SiO_2），②表面の保護（パッシベーション：passivation）に用いる**窒化膜**，③電極材料の金属薄膜である．成膜方法には，熱酸化（thermal oxidization），スパッタリング（sputtering），CVD（chemical vapor deposition），めっき，塗布などがある．膜質やウェーハ面内の膜厚分布

表 4.9 主な薄膜の種類と用途

膜の種類	成膜方法	用　途
SiO_2	熱酸化（ドライ，ウエット）	拡散マスク，素子分離など
SiO_2，SiON HfO_2 など	熱酸化（窒化） 減圧 CVD（MOCVD）	ゲート絶縁膜
Poly-Si，WSi_2	減圧 CVD	ゲート電極
Poly-Si	減圧 CVD	容量電極
SiO_2，SiON HfO_2，Si_3N_4 など	減圧 CVD	容量絶縁膜
W	減圧 CVD	配　線
Al，Ti，TiN，W Si_2	スパッタリング	
Cu	めっき	
SiO_2，SiOF	常圧 CVD，減圧 CVD プラズマ CVD	層間絶縁膜
HSQ，有機膜	スピンコート	表面保護膜
SiN，SiON	プラズマ CVD	パッシベーション

の不均一がデバイスパラメータのばらつきの主要因となり，薄膜の高い信頼性が要求される．以下，各種薄膜の成膜方法と主な用途を述べる．

4.3.1 熱酸化

良質の絶縁物である SiO_2 は，Si/SiO_2 界面の電気的に活性な**エネルギー準位**が $10^{14}m^{-2}$ 以下なので MOSFET のゲート電極に用いられる．この他にも SiO_2 は，素子間分離，素子と金属配線との分離，ドナーやアクセプタの拡散防止マスク，コンデンサとしての誘電体膜などにも使われている．

熱酸化は，750～1200℃の酸化炉に乾燥酸素（O_2）を流入する**ドライ酸化**（dry oxidization）法と，水蒸気（H_2O）や水蒸気をふくむ酸素，窒素（N_2）を流入する**ウェット酸化**（wet oxidization）法の2種類に大別できる．

ウェーハを酸化性の高温雰囲気中に放置すると，次の反応式で表面が酸化されて SiO_2 が析出する．

$$
\begin{aligned}
&\text{ドライ酸化}: Si + O_2 = SiO_2 \\
&\text{ウェット酸化}: Si + 2H_2O = SiO_2 + 2H_2
\end{aligned}
\qquad (4.1)
$$

SiO_2 は非常に安定で，酸化反応はウェーハの表面で起こり，徐々に内部に進行する．ドライ酸化では，最初は SiO_2 が存在しないので，ただちに酸化が行われ，ほぼ時間に比例して酸化膜が生成する．しかし，表面に SiO_2 が形成されると，酸素は SiO_2 を通過して Si に到達しなければ反応は進行しない．

ウェット酸化でも同様で，H_2O が SiO_2 を通過する必要があり，酸化中に発生した H_2 ガスは SiO_2 を通過して外部に放出される．この理由により，膜厚の増加にともなって膜の生成速度は低下し，膜厚は時間の平方根に比例するのである．また，使用ガスの種類や酸素や水蒸気の分圧によっても酸化膜生成速度は異なってくる．数十気圧程度の高圧酸素ガスを用いる高圧酸化法では，比較的低温でも短時間での酸化が可能となる．

酸化雰囲気（使用ガス）の選択基準は，SiO_2 の膜厚や膜の特性などによっても異なるが，MOSFET のゲート酸化膜のように膜厚を正確にコントロールする必要がある場合には，酸化速度の遅いドライ酸化が利用され，フィールド酸化膜や絶縁分離用酸化膜など厚い膜厚を必要とする場合には，ウェット酸化が用いられる．いずれの酸化であっても，SiO_2が生成することに違いはないが，生成されるSiO_2の性質には多少の違いがあり，これが第5章で述べるSiO_2の信頼性にも大きく影響する．図4.7（a），（b）に汎用の縦型酸化炉の外観とその構成図を，図（c）にプロセスチューブへのSiウェーハ（ϕ200）の搬入の様子をそれぞれ示す．

酸化は図4.7（b）に示すように，まず，ウェーハをターンテーブル上のウェーハカウンターにセットする．この領域はULPAフィルターと呼ばれるフィルターによってクリーン度が保持されている．その後，Siウェーハは搬送ロボットでボートに移動され，このボート本体がプロセスチューブ内に搬入される．（図4.7（c））ボートとプロセスチューブには石英が使われている．

プロセスチューブ内の温度分布を均一にするためにヒーターの温度制御が必要である．一般的なヒーターはトップ，センター，ボトムの3ゾーンで構成されており，各ゾーンに付加した熱電対によって温度調整している．所定の酸化温度に設定した後に熱処理が開始される．酸化の種類によって酸素，水素，窒素がそれぞれプロセスチューブ内に導入される．ガスの流量は流量計（マスフローメーター）でコントロールされ，特に，ウェット酸化では酸素と水素の流量比が監視されて安全な酸化が行われるようになっている．

先に述べたように，酸化膜厚が厚くなるほど酸化速度が低下し，膜厚は酸化時間の平方根に比例して増加する．ウェット酸化では，水分子が酸素分子より小さく酸化膜中の拡散が容易なために，成長速度が速くなる．酸化膜の絶縁特性の信頼性や劣化原因については第5章で詳細を述べる．

SiO_2の膜質と膜厚の均一性は，酸素供給量，ウェーハ面内の温度分布，温度昇降速度などのパラメータで決定され，また，酸化膜の電気的特性にも大きく影響する．微細MOSFETのゲート酸化膜の膜厚は2nm程度で，そのばらつきは±3%以内に抑えられている．

極薄のSiO_2では，5.6.1項で述べるFNトンネル電流によって絶縁膜としての機能を果たさなくなる．そこで，**ホットエレクトロン**に対して耐性の高い**酸窒化膜**が用いられるようになってきた．また，誘電率の高い二酸化ハフニウム（HfO_2）などの使用も検討されている．

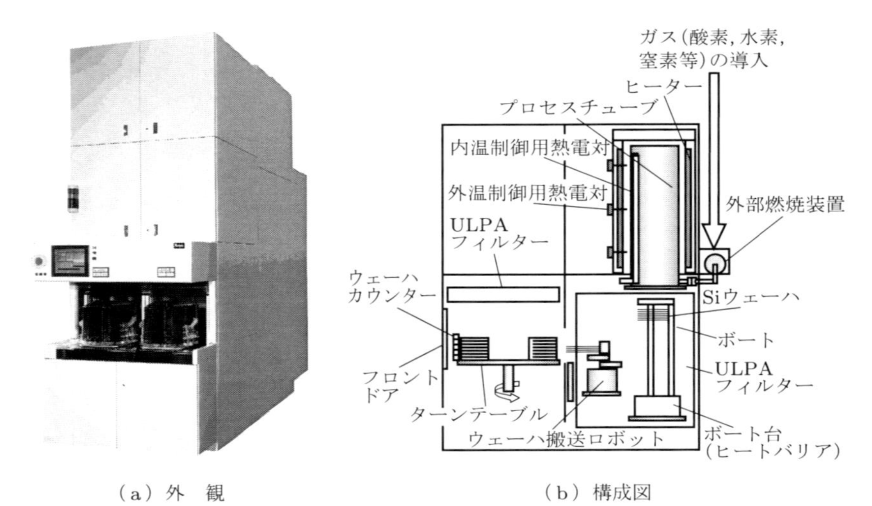

（a）外　観　　　　（b）構成図

（c）ウェーハのプロセスチューブへの搬入の様子

図 4.7　縦型酸化炉
（写真，資料提供：光洋サーモシステム㈱）

4.3.2 スパッタリング

高速に加速された粒子が固体に衝突する時，粒子が衝突時に持つエネルギーが固体分子の拘束力よりも大きいと固体分子は外部に飛び出すことができる．

この現象は**スパッタリング**（sputtering）と呼ばれている．スパッタリングは，アルゴン（Ar）などの不活性ガスを1Pa程度に減圧し，次にプラズマによってイオン化して電極形成用ターゲットに衝突させ，ターゲットの材料原子を対向した基板に堆積させる方法である．弾き出されたターゲット原子は大きな運動エネルギーを持っているので，堆積膜の密着性が良くなる．

スパッタリング法では，グロー放電を発生させる電界供給方法として，高周波，マグネトロン，直流（DC）印加がある．高周波スパッタリング法の原理を図4.8に示す．マグネトロン法は，発生したイオンを強い磁界で強制的に曲げて磁界の近傍に集める原理で，電子レンジでのマイクロ波の発生にも応用されている．金属配線の形成には直流スパッタリング法が用いられる．

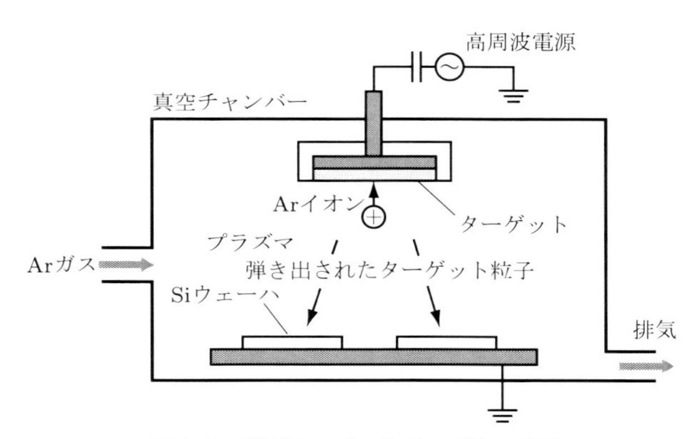

図4.8　高周波スパッタリング法の原理

真空中で金属を蒸発させて堆積させる真空蒸着法と比較して，スパッタリング法には次の特徴がある．

①真空蒸着法ではほぼ1方向から金属粒子が飛んでくるのに対して，スパッタリング法では，金属粒子が広い面積から飛び出し，また，低真空雰囲気中のガスと衝突を繰り返し，多方向からウェーハに衝突するので，**ステップカバレッジ**（段差被覆）性が良い．

②真空蒸着法では，電子ビーム法を用いても合金の蒸着はやや困難である．これに対して，スパッタリング法では，スパッタリング効率が電力依存性を持つ合金（WSiやTiW）を除いて，ターゲット金属とほぼ同様の組成

で膜が形成できる．

③融点の高い金属でも蒸着することが可能である．

しかし，ターゲット金属の純度やイオンエネルギー，入射角度のばらつきによるスパッタリング効率の変動で膜質が微妙に変化し，第5章で述べるエレクトロマイグレーションやストレスマイグレーションの発生原因となる．IC の主な配線金属である Al は真空蒸着やスパッタリングにより成膜される．

図 4.9 にスパッタリング装置の外観を示す．

図 4.9　スパッタリング装置の外観
（写真提供：㈱アルバック）

最近のウェーハの大径化とパターンの微細化にともなって，膜厚の均一性とボトムカバレッジに優れた装置の開発が要求されている．膜厚の均一性は ϕ300 ウェーハで ± 3〜10％ 程度である．ウェーハ全面において均一で良好な膜質を得るために，成膜時に基板加熱を行う際には温度均一性を重視してホットプレートを使用することもある．また，最新のスパッタ装置では，膜の純度を上げるために，成膜開始前の真空度が 10^{-6}〜10^{-7}Pa 程度で，スパッタと次に述べる CVD による連続成膜が行える機能を備えている．

製造工程中の汚染を避けるために，成膜室を成膜材料ごとに分離することが多い．チャンバーの数や構成は要求される膜の構成などによって決定される．

さらに，トランジスタ，ダイオード，サイリスタなどの単機能デバイスの製造やそれらの裏面電極成膜では，安価で操作が簡単な真空蒸着装置やバッチ式スパッタ装置が使用されることが多い．

4.3.3 化学気相成長

化学気相成長（**CVD**：chemical vapor deposition）は，原材料をふくんだガスを熱分解などで化学的に活性化させてウェーハ上に堆積させる方法である．大気圧で反応炉に原料ガスを導入して成長させる常圧 CVD，減圧下で成長させる減圧 CVD，プラズマで原料ガスの反応を促進させるプラズマ CVD の 3 種類に分けられる．全て熱分解反応なので，薄膜の膜厚，緻密性，カバレッジ，残留応力は雰囲気や基板温度の不均一性に大きく依存し，デバイスの電気的特性のばらつきに深く関係する．

このように，CVD は気体状の化学物質と加熱した基板とを反応させて，ウェーハ表面に薄膜を成長させる方法である．しかし，単に CVD は非結晶の薄膜を成長させることが一般的で，下地基板の結晶軸に対応した単結晶膜を成長させる**エピタキシャル成長**とは区別することが多い．

CVD で単結晶膜を成長させるには，1000℃ 程度の高温雰囲気が必要であるが，**多結晶**膜の場合には比較的低温で良いため，絶縁膜や金属膜などの形成に広く用いられている．一般に反応ガスは，単体で使用されるのではなく，キャリアガスと混合された状態でチャンバー内に供給される．

CVD の特徴としては，次の点が挙げられる．

①比較的低温で膜を形成させるため，不純物の移動が少ない．

②膜厚の制御が容易．

③膜の中に入れる不純物の制御が可能．

減圧 CVD の特徴は，膜厚や膜を形成する成分の均一性が高いこと，基板表面の段差にともなう膜厚のバラツキや切れを防止するステップカバレッジ性が優れていることなどがある．

CVD による膜厚の成長速度は，ガスの成分によって変化する．同一ガスであっても，反応ガスが十分に供給されておれば，ウェーハ温度上昇にともなって成長速度が速くなる．しかし，供給されるガスの量が少ないとガス流量に依存する．このほか，成長速度はガスの流速や圧力，装置の構造などにも影響される．

次に，各種薄膜の形成方法を説明する．

① 多結晶シリコン（Si）の形成方法

多結晶 Si は SiH_4 を反応ガスとして用い，このガスの熱分解で形成される．

$$SiH_4 \rightarrow Si + 2H_2 \text{（キャリアガスは } N_2\text{）} \tag{4.2}$$

多結晶 Si は，MOSFET のゲート電極やチップ内配線に使用され，IC の配線材料として多用されている．また，不純物を添加した多結晶 Si は熱拡散の不純物ソースとしても使用できる．

② SiO_2，PSG の形成方法

常圧 CVD による SiO_2 は，次の反応式で形成できる．

$$SiCl_4 + 2H_2 + 2CO_2 \rightarrow SiO_2 + 2CO + 4HCl \tag{4.3}$$

900℃程度で反応させた場合は

$$SiH_4 + 2O_2 \rightarrow SiO_2 + 2H_2O \tag{4.4}$$

となる．

また，PH_3 添加して同時に反応させると，PSG（P ガラス層）が形成される．この PSG 膜は，半導体デバイスに有害な Na を固定させる作用があるので，保護膜として効果が高い．

③ Si_3N_4 の形成方法

Na の進入を阻止する働きがあり，チップ表面の保護膜として用いられる Si_3N_4（窒化シリコン）の形成は，通常プラズマ CVD が用いられ，次の反応で成長する．

$$3SiH_4 + 4NH_3 \rightarrow Si_3N_4 + 12H_2 \tag{4.5}$$

通常，この反応は 800℃程度で起こるが，プラズマ CVD であれば，300℃以下の低温でも反応が可能である．

④ 金属膜の形成方法

Ⅱ族とⅥ族，Ⅲ族とⅤ族の金属の水素化合物を熱分解して，化合物半導体の層を作るのが，MOCVD（有機金属 CVD）である．このほかにも，W，Mo，Cr などの膜を形成することも可能である．

DRAM 用絶縁膜は，主に SiO_2 であるが，誘電率の高い Si 酸窒化膜（SiON）や Ta_2O_5 も使用されている．また，極薄で高性能な容量を実現するために，より高誘電率である酸化ハフニウム（HfO_2），酸化ハフニウム / アルミナ（HfO_2/Al_2O_3），酸化ジルコニウム（ZrO_2）などの利用も考えられている．多層配線の層間膜材料としても SiO_2 が用いられているが，比誘電率が 4.1 と大きく，**寄生容量**（配線容量）を低減するために誘電率の低い材料が模索されている．比誘電率が 3.0 以下の材料は Low-k と呼ばれ，フッ素添加酸化シリコン（SiOF）などが一部の製造工程で採用されている．

4.3.4 めっき

めっきは，電気的または化学的に溶液中から金属イオンを析出させて金属薄膜を形成する方法である．Al に比べてエレクトロマイグレーションや **RC 遅延**の影響が少ない Cu の成膜に使用されている．電解めっき法は，硫酸銅などを成分とした溶液にウェーハと Cu の塊を漬けて電気を流すことによって Cu が，ウェーハ表面にめっきできる．スパッタリング法に比べて材料コストが安く，生産性も高いが，均一性は劣る．また，Cu 配線の形成では，後述するように配線工程においての化学的機械的研磨（CMP：chemical mechaniacal polishing）処理が必要となる．

4.3.5 塗　布

スピンコート（回転塗布：spin court）により原材料をふくんだ溶剤をウェーハ表面に均一に塗布した後に，熱処理で固化させる方法である．low-k 材料の HSQ（hydrogen silsesquioxane）膜，多孔質膜，有機膜などがスピンコートで成膜される．

4.4 リソグラフィ技術

4.4.1 リソグラフィ技術の必要性

第1章で述べたムーアの法則を実現するのに最も重要な技術が**リソグラフィ技術**である．任意の形状を持つレジストをマスクとしてSiO_2や金属配線の加工，またSiO_2をマスクとした不純物の**選択拡散**など，ICを形成し，機能を持たせるにはリソグラフィ技術が不可欠で，最先端のIC製造には，約30回のリソグラフィ工程が必要である．言い換えるとICの製造技術の原点がリソグラフィ技術であると言っても過言でない．

4.4.2 フォトリソグラフィ工程の手順

ウェーハ上にICを形成するには，マスク上に形成されたICの要素パターンをウェーハ上にレジストパターンとして転写しなければならない．このレジストパターンをマスクとして加工処理（エッチング，**不純物拡散**，酸化など）を行う．ICの製造プロセスはこの手順の繰り返しなのである（図4.10）．

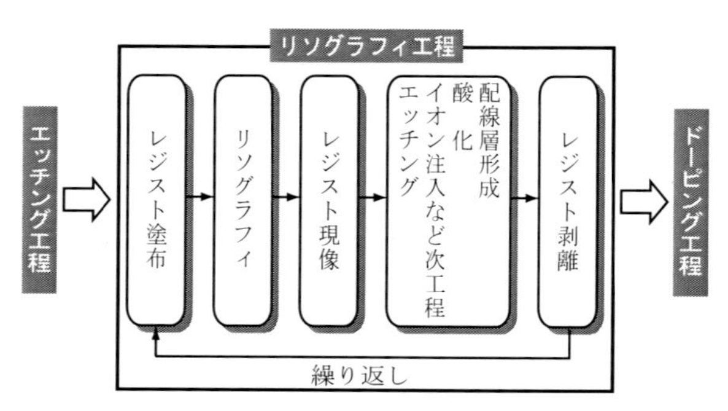

図4.10　ICの製造工程中でのリソグラフィ工程

任意の形状の回路パターンを形成するために，現在は紫外の波長領域の光（フォト）リソグラフィ（photolithography）が使用されている．フォトリソグラフィ工程の各手順を図4.11と図4.12にそれぞれ示す．

続いて，フォトリソグラフィ工程に使用する露光装置，レジストおよびマスクについて説明する．

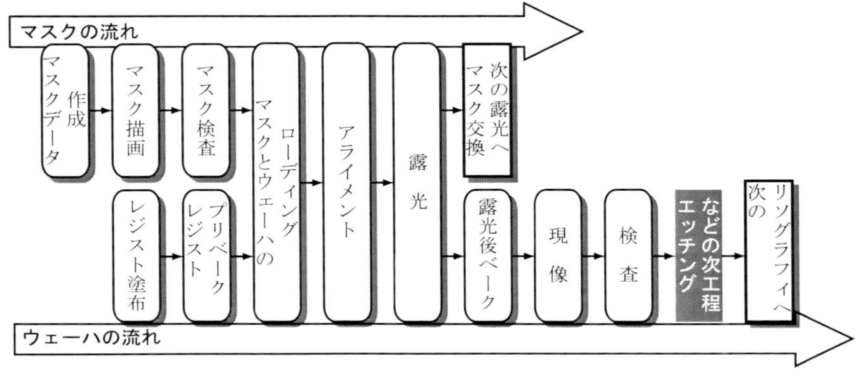

図 4.11 フォトリソグラフィ工程の手順(1)

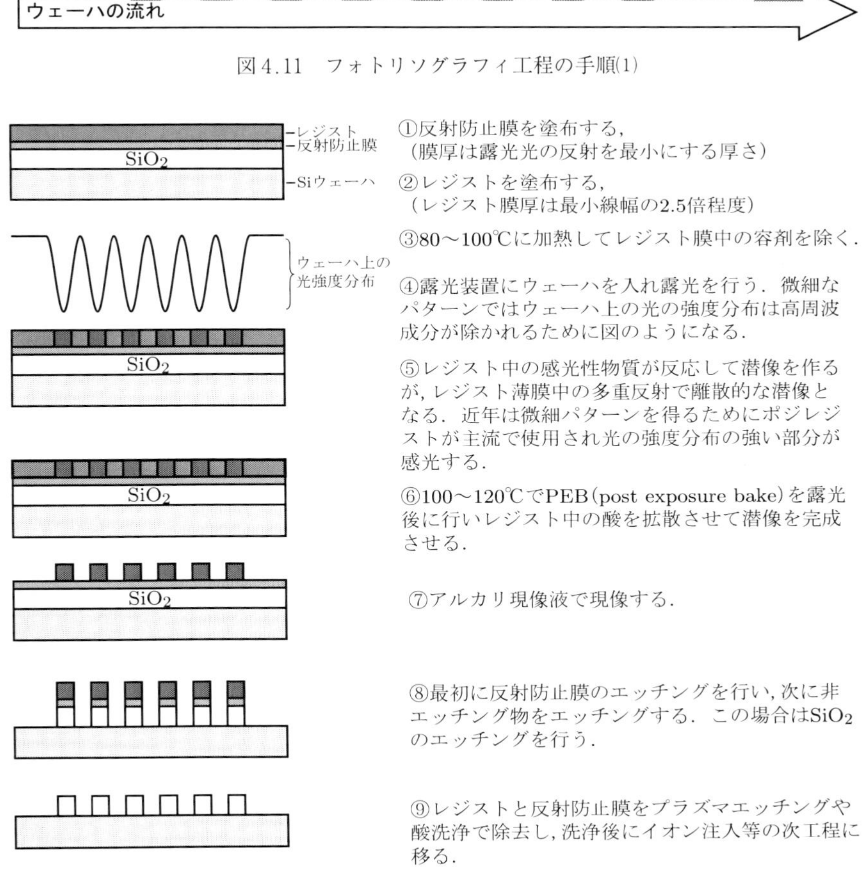

図 4.12 フォトリソグラフィ工程の手順(2)

4.4.3 露光装置

フォトリソグラフィ工程はマスク（回路）パターンをレジスト像としてウェーハ上に形成（再現）する技術で，使用する露光装置は次の仕様を満たす必要がある．

①結像：必要とされる微細な回路パターンをレジスト像として正確にウェーハ上に形成すること．ウェーハ内の全構成素子の性能を安定させるために，ウェーハ全面で線幅の 1/10 以下の均一性が必要であること．

②アライメント：回路パターンを線幅の 1/3～1/5 の精度で正確な位置に形成すること．

③時期：要求される時期（デバイスサイズ）に技術や装置が間に合うこと．

④スループット：産業（経済）的に成り立つ処理（露光）速度であること．

現在用いられている縮小投影光学系の構成を図 4.13 に示す．図中のインテグレータとは，マスクに当てる光の強度や光学的性質を均一に保つユニットである．通常の露光装置では，マスク上に描かれた回路パターンを縮小投影レンズで 1/4 の大きさに縮小してウェーハ上にレジスト像として転写する．生産性を向上するためには大きな露光視野が必要である．また，高解像力を達成するためには大きなレンズが必要となる．しかし，高精度で大きな投影レンズを作ることは非常に困難で高価にもなる．そこで，マスクとウェーハステージ（ウェーハを固定する台）をそれぞれ 4 対 1 の速度で動かしながら，同時に，斜線部のスリットを動かして**露光**するスキャン方式を採用すると図 4.14 に示すような小さなレンズでもウェーハ全面を露光することができる．具体的なマスク

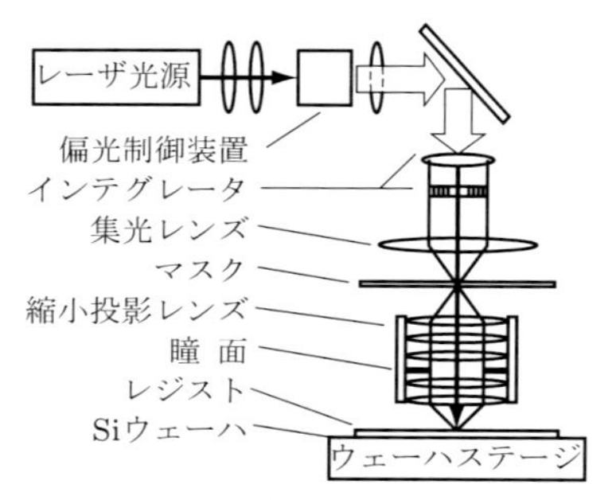

図 4.13　縮小投影光学系の構成
（資料提供：㈱ニコン）

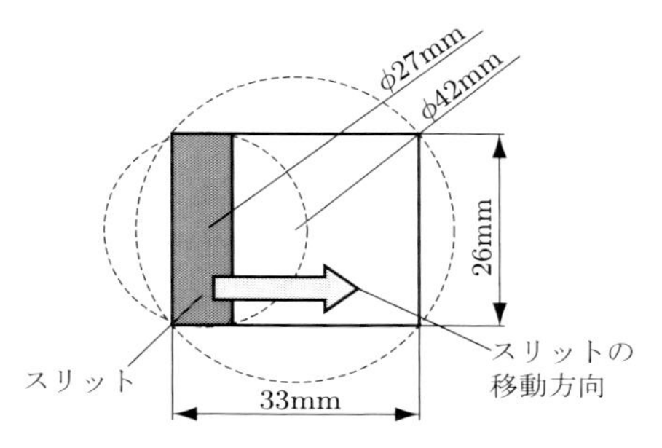

図 4.14 スリットを用いたスキャン露光方式

とウェーハの動きは 4.4.6 項で再度説明する．

26 × 33 mm の露光範囲を一度で露光するには直径 42 mm の視野のレンズが必要である．しかし，図のように，斜線部のスリットを動かしながら露光すれば，必要なレンズの視野の直径を 27 mm に縮小することができる．

4.4.4 縮小投影レンズと解像力

露光装置に求められる最も重要な性能である解像力（resolution）r は次式で与えられる．

$$r = k_1 \frac{\lambda}{NA} \tag{4.6}$$

ここで k_1 はプロセスファクターと呼ばれ物理的には 0.25 まで小さくできる．λ は波長，NA はレンズの開口数で，$NA = n \cdot \sin\theta$ で定義される（図 4.15）．n は媒体の屈折率である．これまでの IC は，λ，NA，k_1 を最適化することで解像力を向上させてデバイスサイズを縮小することができた．現在でも，k_1 を小さくする各種技術の開発が積極的に行われている．

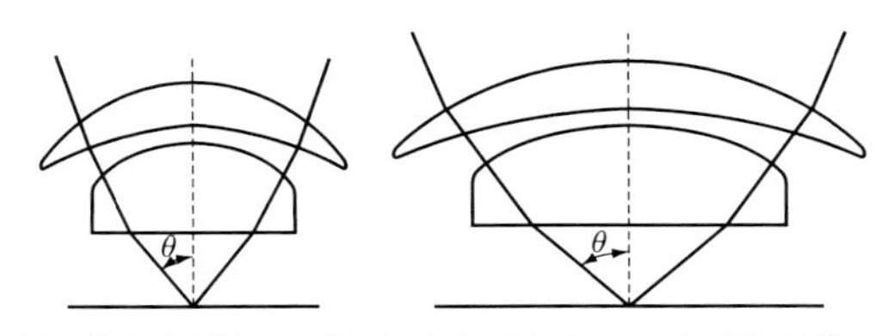

図 4.15 縮小投影レンズにおける NA（レンズの開口数）の定義

4.4.5 液浸技術

①露光波長を短く，②NAを大きく，③k_1を小さくする多くの技術が開発されている．その一つとして，従来の媒体（空気）の屈折率nが1.0であった“Dry”（ドライ）露光に代わり，媒体に純水を用いてnを1.0以上にする**液浸**露光技術が導入されている．図4.16（b）のように，レンズの最下面とウェーハの間を水で満たしたのが液浸露光である．図は液浸露光の縮小投影レンズの最下部を部分的に示している．図中の数字はNAである．NAが大きいとレンズの直径も大きくなることがわかる．最新の液浸露光レンズでは，NAが0.9以上で，光の入射角θは65°より大きい．将来的には，水（屈折率が1.44）より大きな屈折率を持つ液体の使用も検討されている．液浸技術は光学の世界では古くから知られており，顕微鏡では実用されている．リソグラフィ用の非常に大きなレンズで，（液浸用に設計された）縮小投影レンズとウェーハ間の空間を液体で充填し，より高い解像力を可能としたことは画期的である．

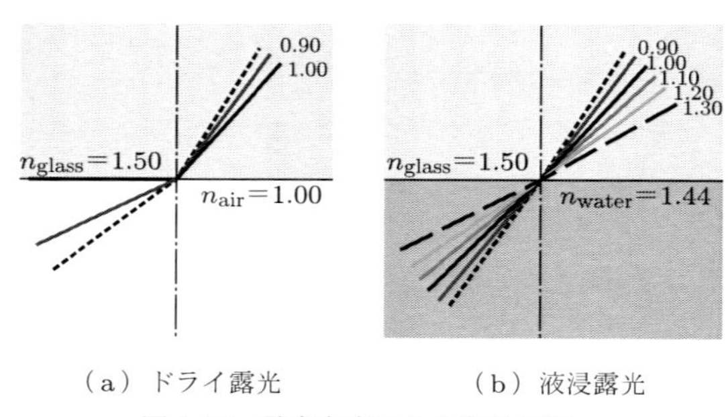

（a）ドライ露光　　（b）液浸露光

図4.16　露光方式による光路の違い
（資料提供：㈱ニコン）

波長が193nmであるArFエキシマレーザにおける液浸露光の場合，液体の媒体には純水が使用される．図4.16ではドライ露光と液浸露光における光路差もそれぞれ比較している．図（a）のドライ露光（$n=1$）の場合，$NA=1.0$のときは$\theta=90°$となり水と空気の界面に対して平行となるために結像することができない．これに対して液浸露光（図（b））では，原理的には$NA<1.44$まで結像でき，より屈折率が大きな液体を用いれば，さらに大きなNAを得ることが理論的には可能である．

4.4.6 アライメント精度と露光装置との関係

マスク（回路）パターンの重ね合わせ精度（アライメント精度）が，微細IC の製造における歩留の向上には最も必要である．一般的には，最小線幅の1/3 の精度で，厳しい回路パターンでは 1/5 から 1/10 の精度で重ね合わせることが要求されている．たとえば，65nm で設計されているゲート長が 40nm の MOSFET の場合，4nm の精度で重ね合わせなければならない．

Si の線膨張率は 4.15×10^{-6}/K なので，汎用の露光装置では 1 回の露光で 26mm の露光スリット長が露光される．もし，2 回のリソグラフィの間に 1 度の温度差があると仮定するとスリットの両端で 107nm の誤差が生じる（位置ずれとしては 54nm）ので，5/100℃以下の温度管理が要求される．

ウェーハステージとマスクの動きを図 4.17 に示す．KrF や ArF を光源とする**エキシマレーザ**は 4kHz 前後でパルス発振しており，このパルス幅は十分に短いのでステージとマスクが動き続けていても像自体が流れることはない．そこで，パルスの間にステージとマスクを同時に動して，マスク上のパターンを端から順に少しずつ移動しながら露光していくのである．

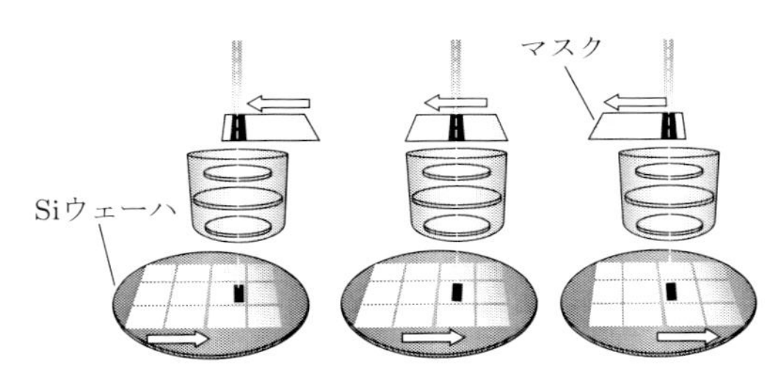

図 4.17 スキャナーでの Si ウェーハ上の露光エリアとマスクの動き
（資料提供：㈱ニコン）

露光装置の価格の高騰とともに生産性の向上が強く求められている．このために 1 時間あたりのウェーハの処理枚数は 100 枚を超え，これを達成するためにウェーハステージは 500mm/s，マスク側に換算するとレンズ倍率を 4 倍とすれば 2000mm/s の高速度で動く計算となり，その加速度はマスクステージ上で 6G にも達する．

このマスクとウェーハの動きの同期は数 nm の精度が要求されていると同時

に，マスクとウェーハが1m以上離れているので，露光装置は最先端の徐震機能も有している．また，露光装置のマスク合わせはウェーハ上に作られた数μm程度のアライメントマークを標的として行われ，このマークの像を専用の顕微鏡で読み取り画像処理を行い位置データに換算しウェーハの位置を修正して露光を行う．このような技術を駆使して高精度な微細露光が実現されているのである．

この他にも，気化熱に起因するウェーハ歪みの低減などが最近の課題として挙げられている．図4.18に最新の液浸露光装置の外観図を示す．

図4.18 液浸露光装置
（写真提供：㈱ニコン）

4.4.7 マスク

マスクは製版用の原版である**レチクル**と同義語である．歴史的には等倍の露光ではマスクと呼び，現在主流である縮小投影の倍率が掛かったマスクがレチクルと呼ばれているが，本書ではマスクに統一する．近年のマスクでは，温度変化による熱膨張を最小にするために石英を基板として用い，石英上に金属（Cr）膜などで描かれた回路パターンによって露光光を遮光する．

石英基板には5009（5インチ × 5インチ × 0.09インチ厚）と6025（6インチ × 6インチ × 0.25インチ厚）の2種類の規格があり，前者は5倍系の露光装置，後者は4倍系の露光装置にそれぞれ用いられている．現在では後者の6025が主流で，石英基板上全面に遮光膜が付けられた状態で市販されている．

遮光膜には先に説明したスパッタリング法で付けられたCr膜が一般的に使われている．光を完全に遮光するには，OD3（optical density）と呼ばれる透過率が1000：1以下の要求を満たす必要がある．

微細化にともない，マスク上で光の位相を制御する技術も使われ，ウェーハ上での光コントラストが改善されている．このために，位相シフトマスクが実用化されている．位相シフトマスクの代表的なものとして，光の位相を制御するためにマスクの石英基板を $n + 1/2$ 波長の深さに掘り込む渋谷－レベンソン型（alternative phase shift mask）と，6％の透過率を持つ遮光膜に $n + 1/2$ 波長の位相差を持たせたハーフトーン型位相シフトマスク（attenuated phase shift mask）の2種類がある（図4.19）．前者は露光時にマスクから出る回折光を位相制御することで，解像力を向上することを可能とした．また，後者も位相制御によって結像時に高いコントラストを得ている．

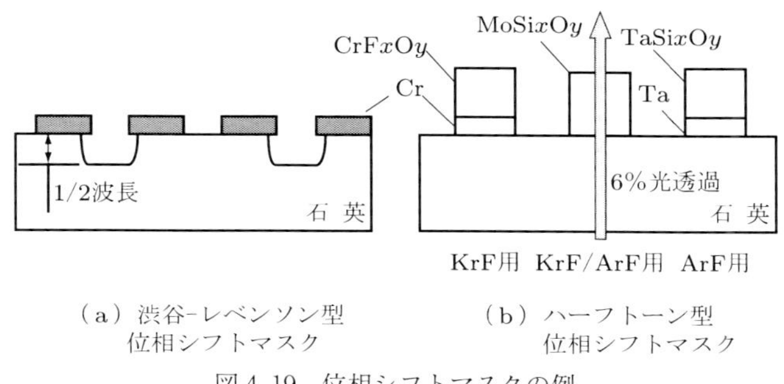

（a）渋谷-レベンソン型位相シフトマスク　（b）ハーフトーン型位相シフトマスク

図4.19 位相シフトマスクの例

もし，回路パターンが描写されたマスク上にゴミが付着していると，転写時に回路パターンとゴミの区別がつかず，ウェーハ上にゴミのパターンが転写されてしまう．ウェーハ上に転写されたゴミのパターンは，デバイスの動作不良の原因になる．そこで，ゴミの影響を防ぐために，マスクパターン上（4～6 mm）にペリクル（pellicle）と呼ばれる厚さ1μm以下の露光光を透過する高分子膜が置かれている．

現在，マスク上に回路パターンを描画する方法として，光マスク描画装置と電子線マスク描画装置がある．光マスク描画装置は光を使うため比較的精度の甘いパターンの描画に用いられるが，最近では回路パターンを微小ミラーを集

積した **MEMS**（micro electro mechanical systems）で作り，それをつなぎ合わせて形成している．

これに対して電子線マスク描画装置は，電子線をレンズで集束し，集束した電子ビームを On/Off しながら電界によって走査して任意のパターンを露光することができる．電子ビーム系は，極限まで条件を整えれば数 nm のパターン描画が可能である．しかし，電子ビームを用いて細いパターンを描画する場合，On/Off する回数が増えるため描画時間が増大する欠点がある．20 年前にはマスク 1 枚を描画するのに必要な時間は 1〜2 時間であったが，現在はたとえば 65nm のデザインルールの最も複雑なレイアーのマスク 1 枚を描画するのに 24 時間以上の時間を要している．この原因は回路パターンの微細化による描画データ量の増大に起因する．

フォトリソグラフィでは，パターンの大きさが波長以下になると，マスクパターンを正確にウェーハに転写することが難しくなる．これはレンズ性能が原理的にパターンの（パターンをフーリエ変換した場合）高周波成分を再現できないためである．これを補正するためにマスクパターンを変形させ，転写結果が必要とされるパターンに近づくまでマスクパターンを変形させる OPC（optical pattern correction）技術が採用されている．

マスク作製後の欠陥検査と修正も重要である．この検査にはデータとマスクパターンの比較検査とチップ間比較検査の 2 種類があり，光学的手法が用いられている．パターンの微細化にともなって，検査技術も高度になり時間もかかることから，近年では検査コストが描画コストを上回り始め，検査，修正技術の改善が求められている．

4.4.8 レジスト

ウェーハ上に到達した光情報（回路パターン）をレジスト像として描画するのがレジストで，写真で言うとフィルムに相当する．1980 年代には図 4.20（a）に示すように 1μm ピッチ（1μm のライン（line）とスペース（space）が繰り返す 2μm のピッチのパターン）では，光のコントラストはきわめて良好であったが，現在の 90nm ピッチでは，図 4.20（b）に示すように式（4.6）で用いたプロセスファクター k_1 が小さくなり，縦軸の光のコントラストが極めて劣化している．逆の解釈をすると，図 4.20（b）のような弱い光強度からでも良好な回路パターン像が描画できるほど，現在使用されているレジストの性能は最適化されている．

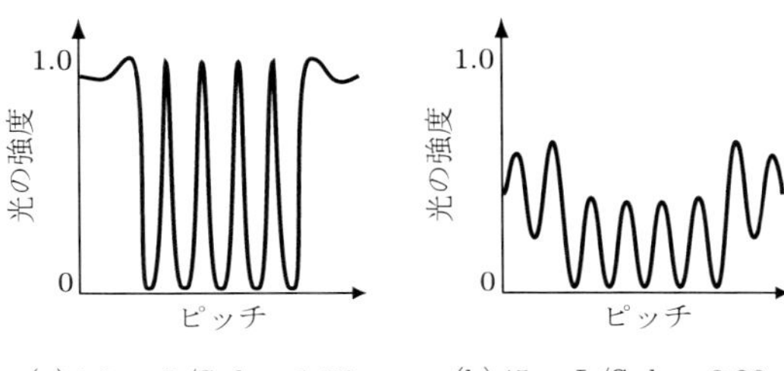

図 4.20　ウェーハ上での光の強度分布（縦軸は光の強度，横軸はピッチで規格化している）（資料提供：㈱ニコン）

レジストは感光性機能分子をふくむ高分子に複数の添加剤が混合されており，露光された領域がアルカリ性現像液で解ける「ポジ型」と未露光部分が解ける「ネガ型」の 2 種類がある．現在はポジ型が主に用いられている．g 線，i 線などの紫外線では，フェノールとホルムアルデヒドを原料とするノボラック系の樹脂が多用されてきたが，KrF や ArF エキシマレーザは波長が短く，透過率を確保することが困難になってきた．そこで，現在ではエキシマレーザ用として，10 個の炭素原子がかご型に配列しているアダマンタン系や，強度に優れたエンジニアリングプラスチックとして知られるアセタール系の樹脂が用いられている．また，KrF や ArF レジストでは i 線や g 線に比較し光源の強度が弱いため，化学増幅型レジストと呼ばれる酸発生型レジストが使用されている．

4.5 エッチング技術

リソグラフィ工程で残ったレジスト膜を保護マスクとしてエッチング（etching）すると，露光パターンに応じた SiO_2 や配線材料だけが残る（図 4.12 ⑧）．

エッチング方式は，仕上がりの形状で大別すると，等方性エッチングと異方性エッチングの2種類がある．さらに，薬液を使用するウェットエッチングとガスを使用するドライエッチングの2種類に分けられる．各々の方式には，長所と短所があるので，パターンの細かさや度合いや生産に要するトータルコスト（材料費＋加工費）などを勘案して，適切な方式を選択している．

エッチングに使用する物質は，薄膜層の種類によって，エッチング速度が速いものやエッチング速度が遅くほとんどエッチングされない組み合わせがある．二つの薄膜層に対するエッチング速度の比率を選択比といい，この現象を有効に利用するとウェーハ上の特定の薄膜層のみを完全にエッチングし，その下のエッチングしたくない異種の層は，ほとんどエッチングしないということが可能になる．

エッチング工程の例として，SiO_2 上の多結晶 Si をエッチングする場合を説明する．エッチングされる部分は，図 4.21（a）のようにレジストが除去されて孔が開いている．この孔に対応した多結晶 Si を除去するのがエッチングで，図 4.21（b）のようにレジストに対して垂直に多結晶 Si がエッチングされるのが理想的である．この垂直に仕上がる方式を異方性エッチングという．

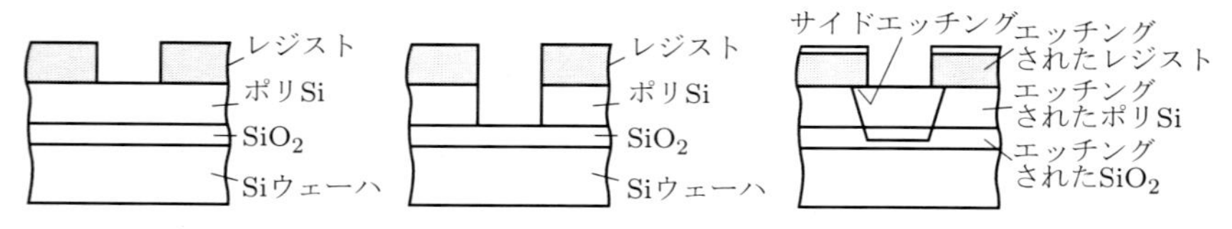

（a）レジストパターン形式　（b）理想的エッチング　（c）エッチングとサイドエッチング

図 4.21　多結晶 Si のエッチングの断面図

等方性エッチングでは，反応はウェーハに対して垂直方向だけに進むのではなく，全方向に等速度で進行するので，図 4.21（c）に示すように多結晶 Si がレジストの下までエッチングされる．この現象はアンダーカットもしくはサイドエッチと呼ばれ，レジストパターンと同じパターンがウェーハ上に形成されないので，十分に注意する必要がある．また，下地の SiO_2 は通常ストッパーとして用いるので，異方性，等方性エッチングにおいても，エッチングが進行することは好ましくない．この選択比も考慮に入れて，適切なエッチング方式を選択する必要がある.

エッチング工程では，ウェーハに形成された薄膜層を除去するだけでなく，レジストも多少除去したり，剥離させることもある.

エッチング工程に要求される事項をまとめると，

①除去する薄膜に対して，適切なエッチング速度がある.

②レジスト膜をエッチングしたり，剥離させたりしない.

③下地膜とのエッチング選択比が大きい.

④加工費用が安い.

などがある.

4.5.1 ウェットエッチング

ウェットエッチングは，液体の化学物質により溶解させるもので等方性エッチングである．アンダーカットが大きく微細パターンには適しないが，

①装置が簡単・安価で，処理能力が大きい

②選択比が大きく取れる

③コンタクトホール等のテーパー形状作製に適する

といった特徴があり，幅広く利用されている.

エッチングする薄膜の組み合わせにより，適切なエッチング液が使用されるが，エッチングする方式も各種ある.

ウェットエッチング中，化学反応により発生する気泡や，液の停滞による反応度低下により，エッチングレートを下げてしまう．これを防ぐ目的で化学薬品を，機械的に撹拌させたり，スプレーやジェット吹き付けをしたり，ウェーハをスピンさせたりして常に新鮮な液がウェーハに供給される工夫がされている.

エッチング液は，反応により当初のものとは違った物質に変化していく．この結果，反応に寄与する物質が順次減少していくので，反応速度は低下していく．新しい液から何枚分の処理を行なったかを管理しなければならない.

主な膜材質に用いられるエッチング液の組成を表 4.10 に示す．実際には，この表の組み合わせに，エッチング速度の調整のために，別の添加物質を加えることが多い.

表4.10　膜材質とエッチング液

膜材質	エッチング液
単結晶Si ポリSi	HNO_3＋HF KOH $(NH_2)_2$ $NH_2(CH_2)_2NH_2$ NH_4OH
SiO_2 PSG BPSG	HF HF+NH_4F
Si_3N_4	H_3PO_4（150～180℃） HF HF+NH_4F
Al	H_3PO_4+HNO_3（+CH_3COOH）

4.5.2 ドライエッチング

ドライエッチングの原理は，用いられるガス種とそのプラズマ中で発生したイオン，電子，ラジカル原子の制御により行なわれる．プラズマの発生は，一般に真空に引かれた反応室にガスをいれ，ある圧力に設定し，高周波（RF：radio frequency）電力またはマイクロ波によりエネルギーを与えられて行なわれる．

ドライエッチング方法の特徴としては，次の点が挙げられる．

①長所

・微細パターンの加工ができる．

・ウェーハの汚染が少ない．

②短所

・危険性の高いガスや人体に有害なガスを使用する．

・装置が複雑かつ高価で，設備1台当たりの製造能力もあまり高くない．

・高周波関連装置，高電圧装置や真空装置などの保守管理が必要である．

プラズマエッチングで，主に反応性の高いハロゲンラジカル原子（F^*，Cl^*，Br^*など）で被エッチング膜を化学的に処理する方法は等方性エッチングにな

る．

一方，イオン(CFn^+，BCl_2^+など)を電位によって加速すれば物理的に方向性をもった異方性エッチングができる．このイオンが化学的にエッチングするものであれば，RIE：反応性イオンエッチングという（通常エッチングレートを上げるためにラジカルも利用）．また，同時にサイドエッチを減らすための側壁を保護するデポガス（通常，C，H，F，O をふくむポリマー）を用いたり，イオンによるレジストの物理的分解と再付着を側壁デポに利用したりする．

ドライエッチングに使用するガスは，反応性の高いハロゲン(F，Cl，Br など)化合物が多いが，主なものを表 4.11 に示す．

表 4.11　エッチング材料に対するドライエッチング使用ガスの例

エッチング材料	ドライエッチング使用ガス種類の例
Si	CF_4 *2，CF_4-O_2 *2，C_2H_6，CCl_4 *1，$CBrF_3$，CCl_2F_2 *1，HBr
ポリ Si	CF_4 *2，CF_4-O_2 *2，SF_6 *2，CCl_2F_2 *1，$C_2Cl_2F_4$ *1，HBr
Si_3N_4	CF_4 *2，CF_4-O_2 *2，NF_3 *2，CH_2F_2 *3
SiO_2	CF_4 *2，CF_4-H_2 *2，C_2F_6 *2，CHF_3 *2，C_3H_8 *2
Al	BCl_3，CCl_4 *1，$SiCl_4$，Cl_2，HCl，BBr_3，HBr
W，Mo，Ti	CF_4 *2，CF_4-O_2 *2，NF_3 *2，CCl_4-O_2 *1
Cr	Cl_2，CCl_4-O_2 *1
レジスト，ポリマー	O_2
シリサイド (W，Mo)	CF_4 *2，CF_4-O_2 *2，CCl_4-O_2 *1

＊1：オゾン層破壊物質のため CCl4，CFC は1996年以降全廃で使用禁止
＊2：温室効果ガスは WSC（world semiconductor council）削減目標
　（2010年に1995年度比で10％以上の排出削減）により削減対策必要
＊3：京都議定書対象物質で排出削減必要

プラズマ中から，ウェーハ上にイオンを加速させるには直流バイアスが必要となるが，特別に直流電源を装置に印加している訳でなく，RF の印加方式と電子と正イオンの移動度の差で生じる自己バイアスを利用している．
その例として，平行平板電極形におけるドライエッチング法の概念図と RIE（reactive ion etching）のイメージを図 4.22 に示す．RF で発生したプラズマ中の電子はイオンより軽いので上下電極にイオンより先に移動し，重いイオン

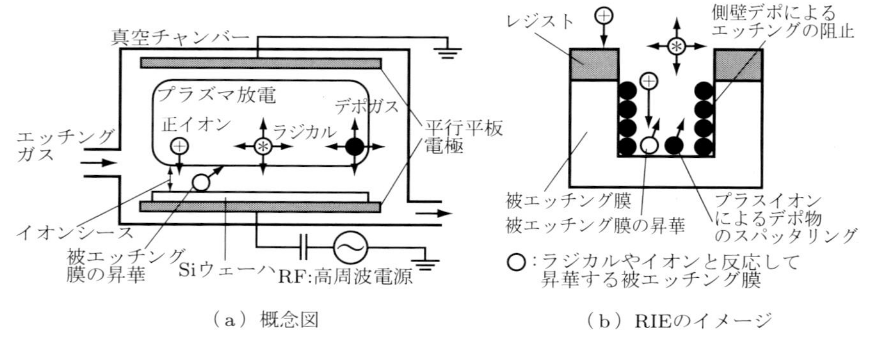

（a）概念図　（b）RIEのイメージ

図4.22　ドライエッチング法（平行平板形電極形）の概念図と RIE のイメージ

はプラズマ中に取り残される．結果として，プラズマ雲と上下電極の間にイオンシース（空間電荷層）ができ，ウェーハが乗った下部電極側に RF を印加した場合，通常 100V 程度の加速電圧がかかる（カソードカップリング）．そして，プラズマ中のプラスイオンがウェーハに垂直に向かって加速され，ウェーハ上の被エッチング膜と化学反応し，昇華して異方性エッチングが実現する．

このとき，エッチングレートを向上させるために，ラジカル原子も積極的に活用する．ラジカル原子は等方性エッチングとしてふるまうので，デポガスを入れて被エッチング膜側壁のエッチングの進行を阻止する．むろん，被エッチング膜の底面にもデポガスが付着するが，プラスイオンの衝突によって物理的に飛ばされてエッチングを進行することができ，イオンの衝撃によるシリコン基板の損傷も抑えることができる．

なお，図中上部電極側にウェーハを設置した場合アノードカップリングといい，イオン衝撃効果は弱く，反応はもっぱら化学的に進行し等方性エッチングとなる．

実際の装置の例として，ドライエッチング装置の外観とロードロック室，プロセス室を図 4.23 にそれぞれ示す．

ロードロック室は，プロセス室を真空に維持するために，ウェーハの出し入れを行うためにプロセス室の手前に設置された真空チャンバーのことである．

レジストパターンを高精度に微細加工するには，レジスト・被エッチング薄膜・下層薄膜のエッチング速度比（選択エッチング比）が大きいことが重要で

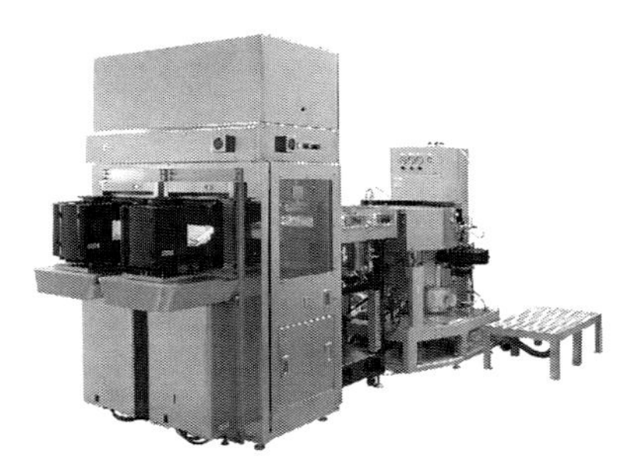

(a) ドライエッチング装置の外観　　(b) ロードロック室，プロセス室の外観

図 4.23　ドライエッチング装置
（写真提供：㈱アルバック）

あると同時に，プラズマ損傷（特に，ウェーハへの結晶欠陥導入，ウェーハ表面の帯電，SiO_2 の損傷など）に注意しなければならない．

最近では，高いエッチング速度比で低い損傷を持ったエッチングを行うために，有磁場 ICP（inductively coupled plasma）など図 4.22（a）のような平行平板形とは違う下記の機能を持つ装置も開発されている．

・プラズマ密度：$1 \times 10^{11}\,\mathrm{cm}^{-3}$.
・膜厚の均一性：± 3～5％（ϕ200）.
・プラズマ密度と入射エネルギーが独立に制御可能．

4.6　ドーピング技術

2.4 節で述べたように IC を構成するトランジスタや受動素子の基本構造は，p 形／n 形領域か，もしくはそれらを組み合わせた pn 接合である．そのために，必要となる不純物を形の違う領域に導入する必要がある．この処理を不純物**ドーピング**（doping）と呼ぶ．ドーピングの方法を大別すると，不純物を気体化し，高温雰囲気中のウェーハに導入させる熱拡散（thermal diffusion）とイオン注入（ion implantation）の 2 種類がある．図 4.24 に示すように，熱拡散における不純物密度は，ウェーハ表面が最も高く，表面から深くなるとともに低くなる．これに対してイオン注入の場合は，表面からある深さにおいて最大値を持つ．両者は，要求される不純物密度，精度，熱処理条件などの条件に応じて使い分けられる．

4.6.1 熱拡散

不純物をウェーハにドーピングするには，分子や原子に反応・拡散させるためのエネルギーが必要になる．**熱拡散**は加熱することで，分子や原子速度が大きくなり運動エネルギーが増加することを利用している．拡散速度は物質によって異なるが，気体や液体中では室温程度でも比較的早い速度で拡散する．しかし，Si のような固体中ではほとんど拡散しない．

拡散速度は温度上昇にともなって，指数関数的に増加するのでウェーハを高温にすると短時間で必要な不純物を拡散させることが可能になる．熱拡散において，単位時間あたりに単位面積を通過する不純物の移動量 J_N は，次式で表される．

$$J_N = -D\frac{dN}{dx}\ [\mathrm{cm/s}] \tag{4.7}$$

ここで，D は不純物の拡散定数，N は不純物密度，x は距離をそれぞれ示す．

式(4.7) は，同一の物質であれば，不純物の密度勾配に比例して移動量が増加し，**拡散定数**が大きいほど不純物の移動量が多いことを意味している．また，拡散定数 D の前に－（マイナス）は，不純物は密度の高い側から低い側に移動することを示している．

図 4.24(a)はウェーハの縦方向において，左（表面）から右側（内部）に不

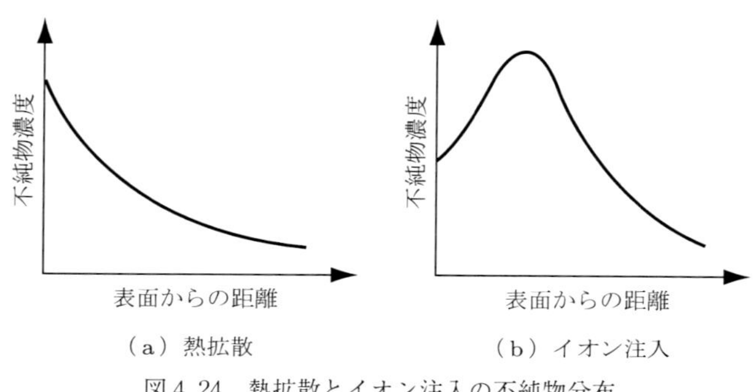

（a）熱拡散　　（b）イオン注入

図 4.24　熱拡散とイオン注入の不純物分布

純物を熱拡散でドーピングした場合の不純物分布図である．拡散開始時には，表面も内部も不純物は存在しないが，ある時間を経過する時から表面から入ってきた不純物の密度差によって内部に拡散していき，図のような分布曲線になるのである．さらに，時間が経過すると，不純物は奥深くまで拡散し，表面の密度も高くなる．

熱拡散のドナー不純物としては，リン（P），アンチモン（Sb），ヒ素（As）が代表的であるが，Pが最も広く用いられている．Sbは埋込層，Asは浅い拡散が必要な場合に使われる．一方，アクセプタ不純物にはホウ素（B），ガリウム（Ga），アルミニウム（Al）などがあるが，主としてBが用いられている．拡散後の面内分布の確認にはシート抵抗値が用いられ，リン拡散の場合，バラツキは ± 2% 程度である．汎用の縦型拡散炉の外観を図4.25に示す．

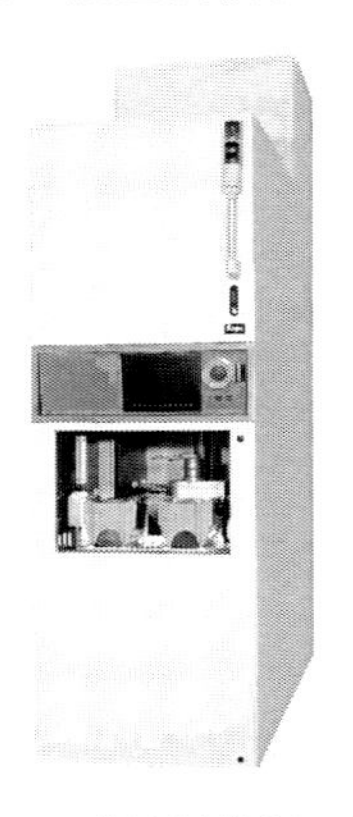

図4.25 縦型拡散炉の外観
（写真提供：光洋サーモシステム㈱）

4.6.2 イオン注入

不純物をイオン化し，高い電圧で加速してウェーハに打ち込む方法で，ウェーハを加熱する必要がない．また，導入する不純物量を他の方法よりも正確にコントロールできるなどの優れた特徴があるため，現在ではドーピングの主流となり，微細IC製造ではイオン注入が多用されている．

イオン注入は図4.26（a）の概念図に示すように，注入種，すなわちB，As，Pなどをふくむガスを放電でイオン化して，電界加速した後に質量分析磁界で

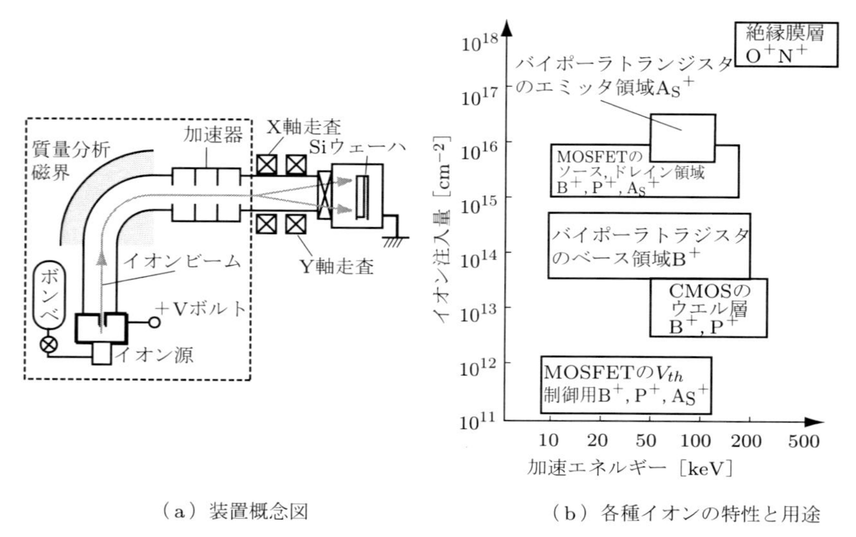

（a）装置概念図　　（b）各種イオンの特性と用途

図 4.26　イオン注入

注入種と荷電種を分別する．その後，選ばれたイオンを注入するので，ビーム走査とウェーハの移動を同期させる必要がある．イオン注入の手順は次のとおりである．

① イオン化：不純物をイオン化する．

② 質量分析：それぞれの分子や原子は，一定の質量を持っている．イオン化すると特定の電気量を持つイオンになるので，特定のイオンを考えると単位質量あたりの電気量は一定である．イオンの運動方向に対して，直角方向に電界や磁界を作用させると単位質量当たりの電気量に対応したカーブを描いて進行方向を変える．この原理を応用して，導入したい不純物のみを取り出すことが可能になる．

③ イオンビーム収束：光学レンズで光を収束させるのと同様に，イオンの流れを細く絞ってビーム状態にする．

④ イオン加速：イオン発生直後や質量分析部内でのイオンの速度は低速であるから，ウェーハに衝突させても基板内には注入はされない．イオンを加速するために，高電圧を印加してイオン注入に必要な速度まで加速する．

⑤ 注入：ウェーハ全体にイオンビームをスキャン（走査）して，均一に注

入する．

イオン注入では，イオン速度が速いためにイオンがウェーハ表面に到達した後，内部に入り込みSiと弾性衝突を繰り返すことで徐々にその速度を減らし，やがて停止する．したがって，熱拡散では不純物密度はウェーハ表面が最大になる（図4.24（a））のに対して，イオン注入では，図4.24（b）に示すように表面から少し内部に入ったところに不純物密度の最大値が存在することになる．

イオンがどの程度の深さまで進入するかは，衝突によって運動エネルギーが奪われる弾性衝突の理論から推定でき，イオンの大きさや衝突時の運動エネルギーの大小に依存する．また，熱拡散が等方性な反応であるのに対して，イオン注入は異方性で，ウェーハに対して垂直にイオンを注入することで微細パターンが形成できる．また，レジストをマスクとして利用し，不純物密度や分布をより正確に制御することも可能であるが，金属汚染（FeやNi）を起こすおそれがある．浅い拡散層の形成には数百〜数10keV，CMOSのウェル形成やROMのコード書込みには数百k〜MeVの加速エネルギーが必要である．図4.26（b）に，バイポーラトランジスタやMOSFETの作製に必要な各種イオンの加速電圧と注入量を示す．イオン注入の長所と欠点を整理すると次の通りである．

①　長所

- イオンソース（イオン源）に異種の不純物がふくまれていても，質量分析により，希望する不純物だけのドーピングが可能であるから，安定したデバイス特性が期待できる．
- 個々の不純物イオンが一定の電気量を持っており，ドーピングされる不純物の量とビーム電流に相関関係がある．また，導入される深さは，加速電圧によって決定されて監視，制御することが容易で，正確である．特に，低密度のドーピングに適している．
- イオンが一定方向から入射されるので，直進性があり熱拡散に比べて横方向への広がりが少ないので，微細デバイス製造に適している．
- 不純物を選択的にドーピングするためのマスク材料として，レジスト以外にも幅広い材料の選択ができる．

② 短所

- 真空装置や高電圧発生，制御装置が必要で，大型，複雑，高価である．また，装置の維持管理（保全）にも手間と費用がかかる．
- イオン衝突によりウェーハ結晶内に格子欠陥が導入される．結晶欠陥の回復のために，注入後にウェーハの熱処理を行うが，完全に除去することはできず，デバイスの動作不良の要因になる．
- 注入のエネルギーに限界があり，極端に深い接合は形成できない．
- ウェーハの結晶方位が関係するチャネリング効果によって，イオンが深く侵入する．理論的にはイオンはウェーハ内部のSi原子に衝突して停止するが，ウェーハが単**結晶構造**であるために衝突させる角度で注入する深さが異なってくる．そこで注入傾斜角を指定する必要がある．

4.6.3 ドーピングの精度

接合がきわめて浅い場合は，熱拡散やイオン注入のみで必要な接合深さを確保することが可能であるが，実際のICではより深い位置に接合を形成する場合が多い．ウェーハの表面付近にドーピングされた不純物は，高温雰囲気中にさらされると，密度の高い側から低い側に拡散する．この現象を利用して，温度と時間を制御することにより，接合を必要な深さに到達させる．この方法は，引き伸ばし拡散，ドライブイン，押し込み拡散などと呼ばれている．

先に述べたように，イオン注入の場合は，衝突の際にイオンが持っていた運動エネルギーに方向性があるため，深さ方向に不純物がドーピングされるが，熱拡散ではあらゆる方向に拡散される．

最初のドーピングから最終の前工程が終了するまで，何回も高温雰囲気中にさらされるので，その都度拡散が進行することになる．微細ICでは，横方向への拡散が累積すると設計上の必要なパターンが維持できなくなる可能性もあるので，拡散条件の管理が非常に重要となる．通常，第3章で述べた回路設計の時に十分な配慮がされているが，Auのように拡散速度が非常に速い不純物では，誤った温度や時間条件でプロセスを行うと，ウェーハ表面にあった不純物がウェーハ全体に拡散してしまう危険性もある．

汎用のイオン注入装置の外観を図4.27に示す．

図 4.27 イオン注入装置の外観
(写真提供：㈱アルバック)

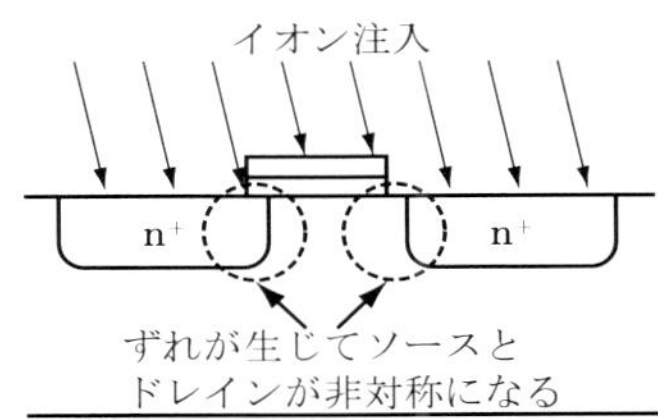

図 4.28 イオン注入における
シャドーウィング

上記したようにイオン注入では，図 4.28 に示すように，イオンは垂直方向から少しだけ傾けて注入されるので，ドレイン領域とソース領域にオフセットが生じ，その結果として MOSFET の電気的特性が非対称になってしまう．これはシャドーウィングと呼ばれ，3.5 節のレイアウト設計とあわせて，4 方向からイオン注入を行うことによって，ある程度は低減することができる．微細 MOSFET の場合，注入角のばらつきは 0.1 % 以下が要求されている．

現在では回路パターンがさらに微細化しており，より均一にイオン注入するためにパラレルなイオン注入装置が主流となっている．また，ビーム平行度が ± 0.2 度以下で高いスループットや次のような仕様も要求されている．

- 処理枚数：200～280 枚 / 時間
- 広い加速エネルギーと注入量
- ビームの均一性・ビーム再現性が ± 0.5 % 以下

4.7 配線技術

配線技術は**成膜工程**で形成した金属膜を整形し，希望する形状の配線を形成する技術である．この中で，最も代表的な手法が **CMP** 技術で，スラリーの薬液による化学反応と砥粒による物理的（機械的）研磨の組み合わせによって研

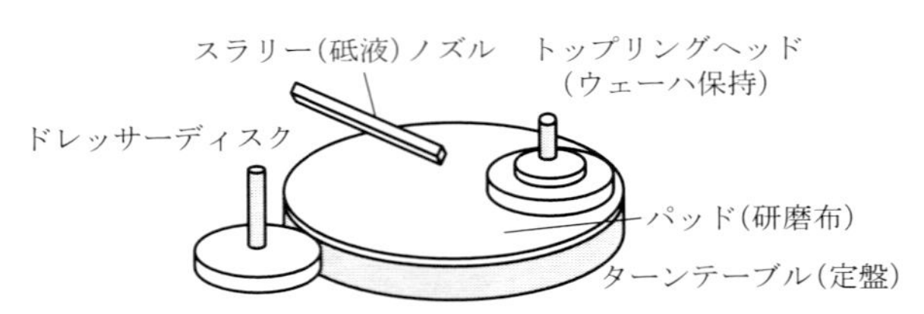

図 4.29　CMP（砥粒による研磨）のイメージ
（資料提供：㈱荏原九州）

磨対象膜を微細加工する（図 4.29）．製造プロセスで生じる下地の起伏と段差による接触不良や，リソグラフィ工程における焦点深度のばらつきを補正するために，CMP によるウェーハの平坦化が必要である．これにより，リソグラフィ工程での回路パターンの高精度化，ドライエッチングの高精度化，埋め込み型のパターニングが可能となった．

Cu 配線では，ドライエッチングは困難なので，図 4.30 に示す**ダマシン**工程が採用されている．これは，まず SiO_2 に溝を掘った後に，電解めっきで Cu 膜を堆積して溝を埋める（①〜③）．つぎに CMP で表面を削って Cu 膜を分離させることで所望の Cu 配線を形成することができる（④〜⑤）．

しかし，CMP 後の Cu 配線は SiO_2 と Cu の硬度差から，配線中央部が薄くなるディッシング（図 4.31（a））効果で配線断面積が減少し，結果として電

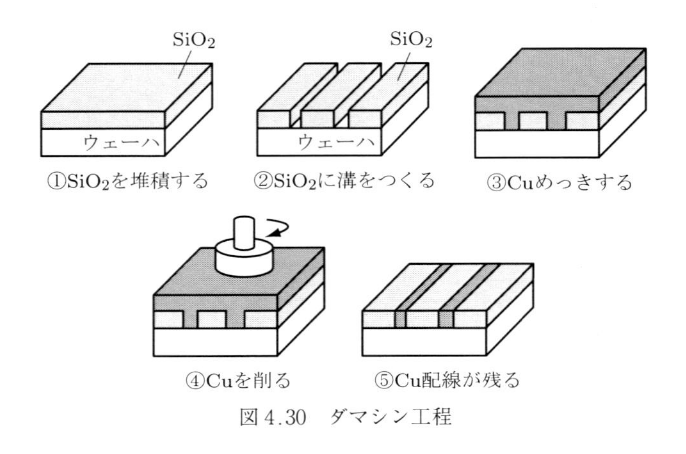

図 4.30　ダマシン工程

気抵抗が増大する欠点がある．この効果は配線幅が広いほど顕著で，軽減法として，金属配線に SiO_2 のスリット（図 4.31（b），（c））を入れて配線へのストレスを軽減することが提案されている．細い線幅では断面積も減少するので，配線膜厚のばらつきは微細化にともなって増大する．たとえば 90nm プロセスにおいて，膜厚ばらつきが 15％とすれば，60nm プロセスでは 20％のばらつきとなる．また，極端に線幅が短い場合，散乱効果によって Cu の抵抗率が Cu 固有値の 2 倍に増加する．さらに，5.4.2 項で述べるように CMP は研磨面の状態で Cu のマイグレーションにも大きな影響を与える原因になる．

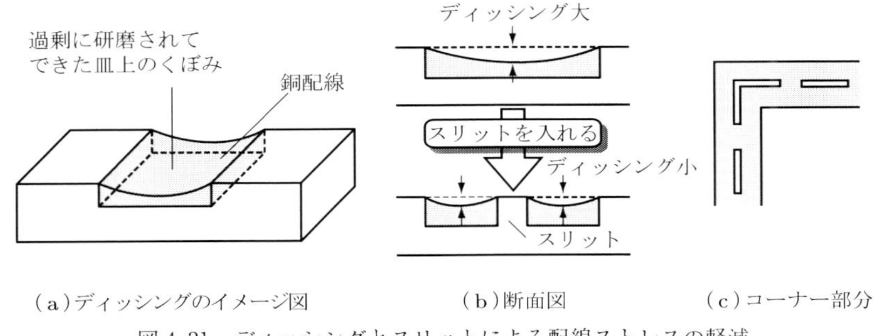

（a）ディッシングのイメージ図　（b）断面図　（c）コーナー部分

図 4.31　ディッシングとスリットによる配線ストレスの軽減

CMP による研磨は，目的に応じて選定される粒径が 20～100nm の砥粒とケミカル成分を調合したスラリーを用いている．これに加工要求を考慮して異種材料間の研磨選択比，研磨均一性，加工速度などを最適化することによって，ディッシングの改善と歩留，生産性の向上を目指している．また研磨対象の膜質ごとに 1 枚ずつ条件が異なる枚葉式の装置では，研磨の信頼性を保証するために EPD（end point detector）による研磨終点検出技術が非常に重要となっている．このように CMP 技術は，配線の微細化とウェーハの大口径化による量産性向上のニーズ（図 4.32）にともなって，その適用範囲がますます広がっている．代表的な CMP 装置の外観を図 4.33 に示す．

以上のように説明した前工程を繰り返して IC がウェーハ上に形成されるが，大規模な IC の場合，数 100 ステップの工程が必要となり，この手順をプロセスフローと呼ぶ．図 4.34（a），（b）にバイポーラ IC における npn バイポー

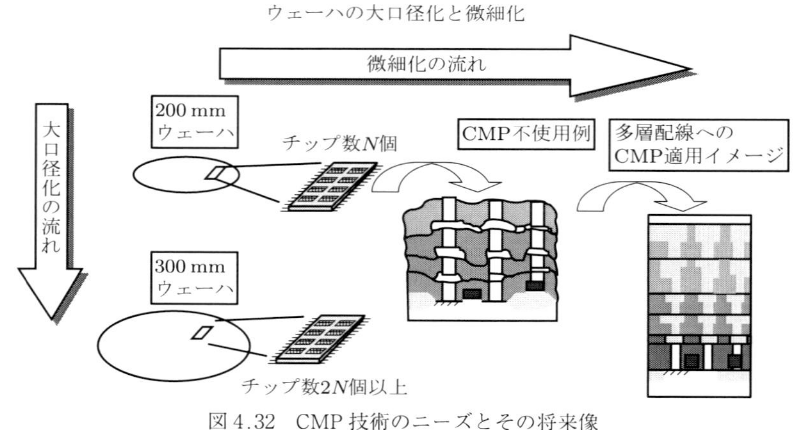

図 4.32　CMP 技術のニーズとその将来像
（資料提供：㈱荏原九州）

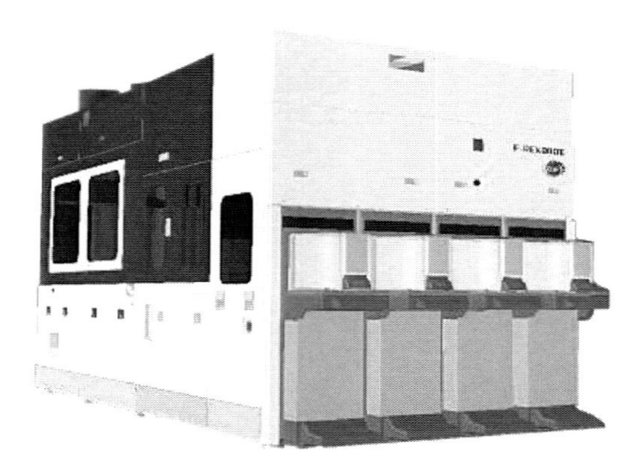

図 4.33　CMP の外観図
（写真提供：㈱荏原九州）

ラトランジスタとポリシリコンをゲート電極として LOCOS 分離構造を持つ CMOSIC の製造プロセスフローの一例をそれぞれ示す．

デバイスの微細化にともなって，ゲート長，配線長，酸化膜厚などのデバイスパラメータは，各種製造装置の制御性や物理的な制約によって統計的な（製造）ばらつきを持つことになる．このパラメトリック的なばらつきを最小限に抑えなければ，高い歩留や高性能を確保することは困難である．そこで第3章

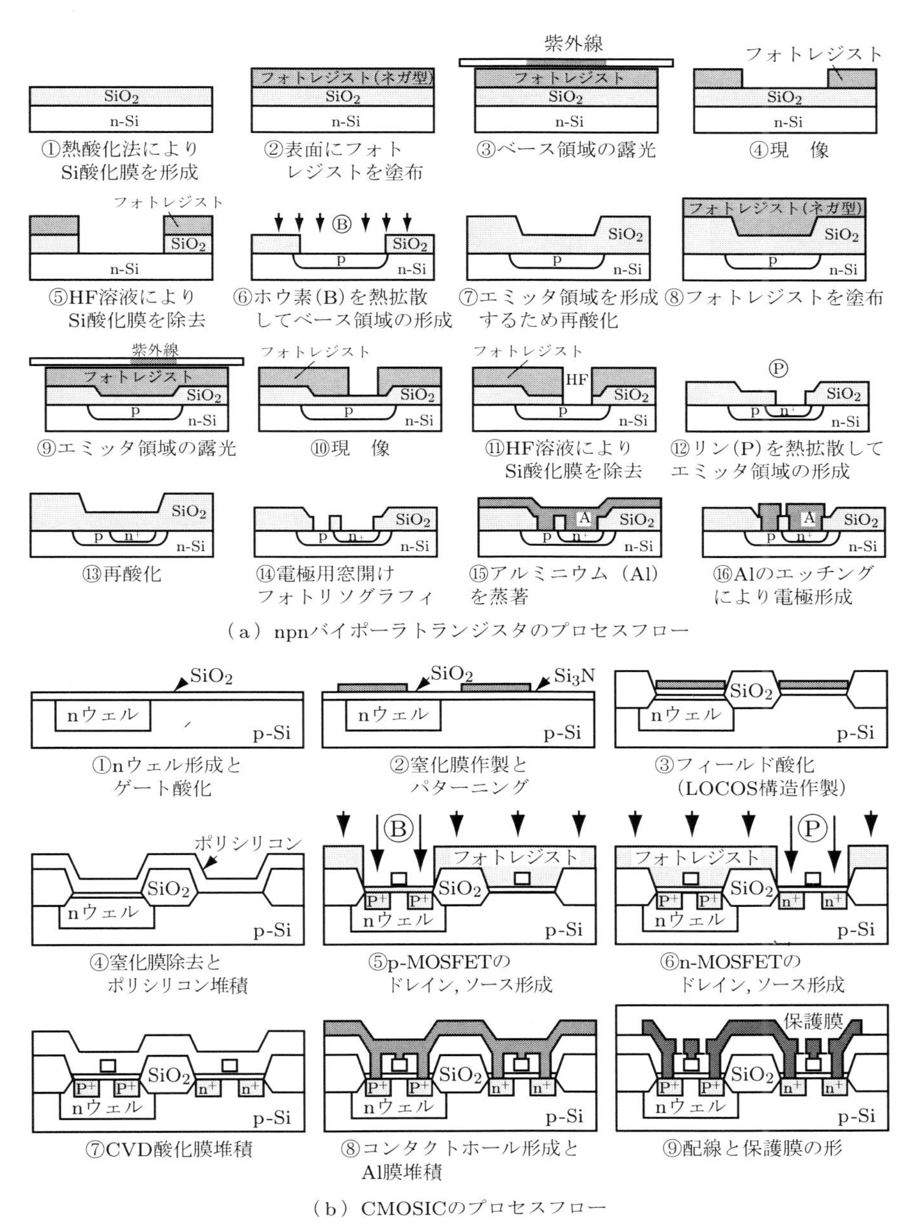

図 4.34 IC 製造プロセスフローの一例

で述べたように，製造ばらつきを設計工程で補正する，すなわち DFM 的な視点，考慮が重要になるである．

4.8 組立技術

前工程が終了したウェーハはチップに切り分けられた後，個々のチップが配線・封止されて IC が完成する．前工程後の一連の工程を，組立工程（後工程，アセンブリ）と呼んでいる（図 4.35）．

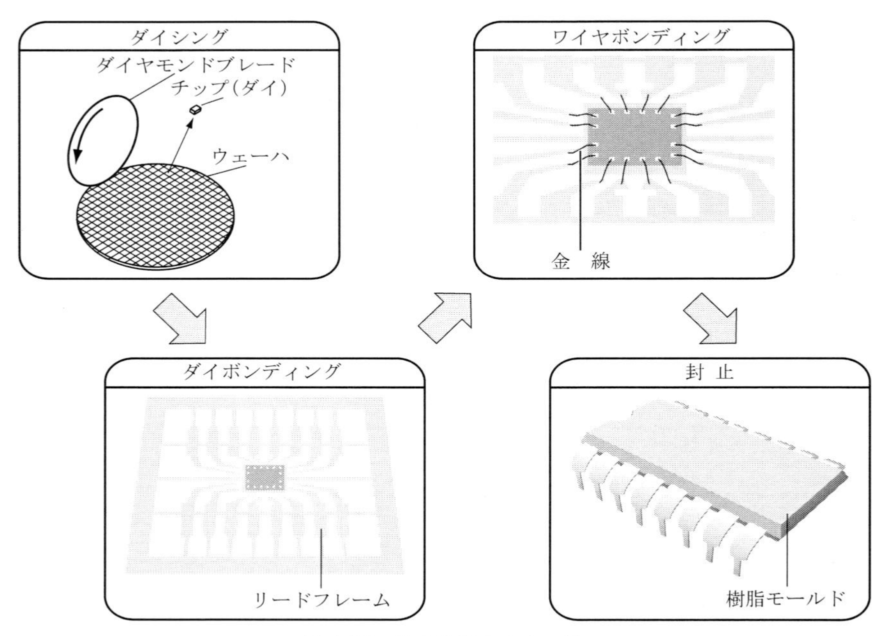

図 4.35　組立工程のイメージ

各種の IC が形成されているウェーハは，チップに切りわけられる（ダイシング）．このダイシングには，ダイヤモンド粉末がふくまれた砥石を使用するのがほとんどである．ダイシングされたチップは，リードフレーム上に接合（ダイボンディング）され，続いて電極取り出し端子（パッド）とリードフレームのリード（電極）が金や Al 細線で接続（ワイヤボンディング）される．

最後に外気と遮断し，特性を安定化させるために封止されてICが完成する．

以下，ダイシング，ダイボンディング，ワイヤボンディングおよび封止の各工程について説明する．

4.8.1 ダイシング

図4.35のイメージ図でわかるように，1枚のウェーハ上に作られた多数のチップ（ダイ）を，個別に切り離す工程である．**ダイシング**の主な方法は次の三つであるが，現在ではダイヤモンドブレードを使用するブレード方式が主流である．ダイシング装置の外観を図4.36に示す．

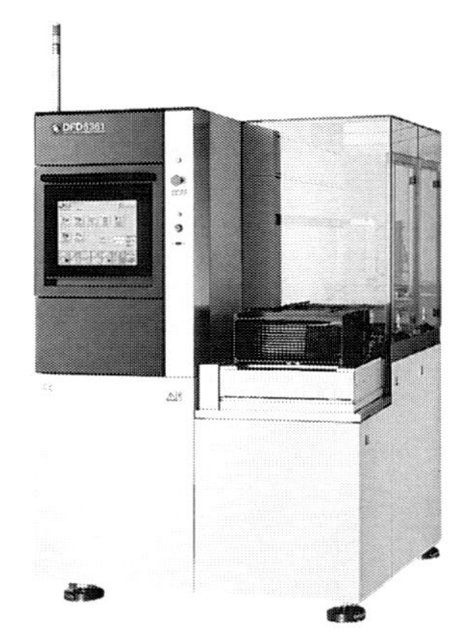

図4.36 ブレード方式のダイシング装置の外観
(写真提供：㈱ディスコ)

図4.37 ダイヤモンドブレードによる切断の様子
(写真提供：㈱ディスコ)

1）ブレード方式

0.02～0.1mm程度の厚さのダイヤモンドブレードでウェーハを切断する．切断中の様子を図4.37に示す．切断時には，次の目的で加工点に純水をかける．

①切り屑の除去．

②加工点の冷却．

この方式の長所は，比較的高速で加工ができ，きれいな切断面が得られることであるが，反面，消耗品であるブレードの交換が通常1日1回程度必要である．

2）ダイヤモンドスクライバー方式

ダイヤモンドの角でウェーハ表面に傷をつけた後に割断する方法で，ガラス切りと同じ要領である．ウェーハは**単結晶**であるから，表面の傷をオリジン（原点）として，結晶軸に対応した方向に割れる．すなわち，へきかい性を持つ．この方法は，装置価格や運転経費は安いが，機械的なスクラッチ（引掻き）からのへきかいであるから，切断面に凹凸が残り，チップ割れの要因になる場合がある．

3）レーザ方式

レーザによるダイシングは，ブレードやダイヤモンドスクライバー方式では加工が難しい薄仕上げウェーハと，チップを実装する際に接着剤の役割を果たす DAF（die attach film）の切断に適している．また，光学系のパラメータ（波長やパワーなど）を最適化することによって，サファイアウェーハや化合物半導体の切断などにも利用することができる．この装置は一般的には高価であるが，対象素材や加工方法によっては，ダイヤモンドブレードよりも高速で高品質の切断が可能となる場合がある．この方式による切断の様子を図 4.38 に示す．

ダイシング中は，チップを固定するために，ダイシングテープと呼ばれる専用の粘着テープをウェーハに貼り付けておく必要がある．

図 4.38　レーザによる切断の様子
（写真提供：㈱ディスコ）

4.8.2 ダイボンディング

ダイボンディングは，マウントとも呼ばれ，チップを**リードフレーム**（基体，基板，ステムなどとも呼ばれる）に接合する工程で，主に図 4.39 のイメージ図に示すように三つの接合方式があり，目的やデバイスの種類によって使い分けられている．

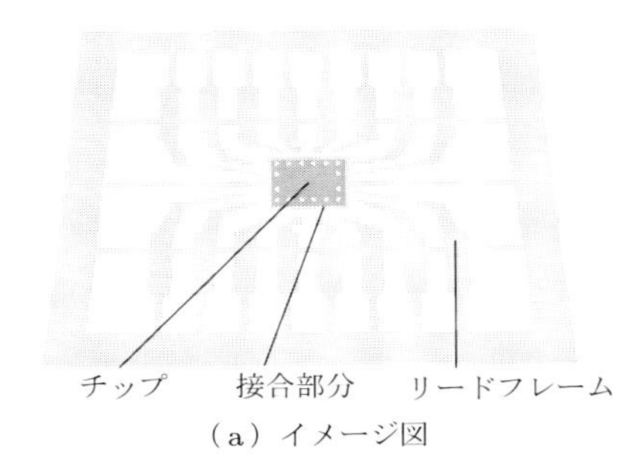

（a）イメージ図

接合方法	デバイス
樹脂接合	IC, LSI, メモリー，光デバイス
はんだ接合	大電力用トランジスタ，IC
金共晶接合	小信号トランジスタ，ダイオード，高周波トランジスタ

（b）方式の種類

図 4.39 ダイボンディング工程
（資料提供：キヤノンマシナリー㈱）

1）樹脂接合方式

樹脂接合方式は，樹脂を塗布したリードフレーム上にチップを置いた後，オーブンなどで加熱，硬化させる単純な方式である．これの特徴は，樹脂供給やチップのセットは常温で，それに続く樹脂硬化は 200℃程度なので，酸化や熱による悪影響が少ないことである．逆に欠点は，樹脂の熱伝導率が低く，また高温での劣化が顕著なので，発熱が大きい電力用デバイスには不向きである．

この方式は，使用する樹脂の種類と供給方式で次のとおり区分できる．

・樹脂の種類

①導電性樹脂．

②絶縁性樹脂．

・樹脂の供給方式

①ディスペンス方式：樹脂が充填されたシリンダに空気圧をかけて樹脂を吐出する方式（図 4.40（a））．

②スタンピング転写方式：樹脂が入ったスタンプ皿から一度スタンプピンに樹脂を転写し，その後，再度リードフレームに転写供給する方式（図

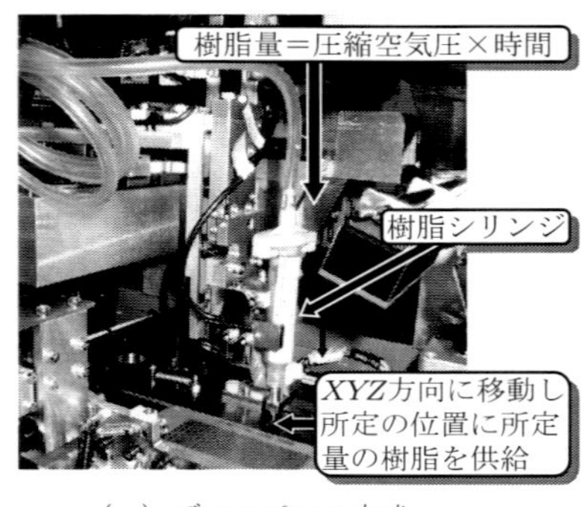

（a）ディスペンス方式

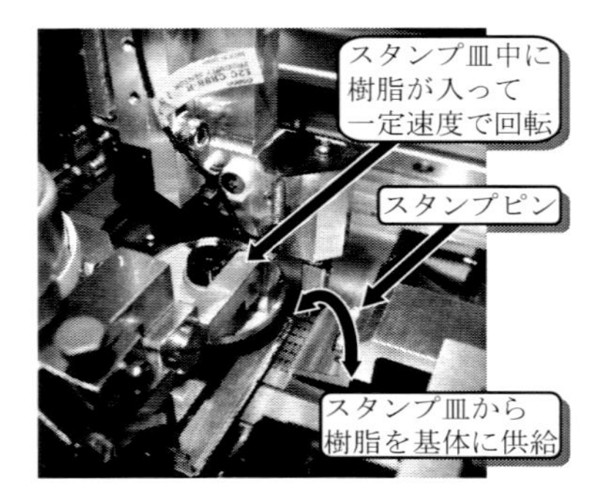

（b）スタンピング転写方式

図4.40　樹脂の供給方式
（写真提供：キヤノンマシナリー㈱）

4.40（b））．

樹脂材料は，一般的にはエポキシ系が多用されるが，用途に応じてはアクリル系・ポリミド系，シリコン系樹脂なども使われる．また導電性が要求される場合にはAgフィラー（小さな片）を樹脂に混合する．

樹脂の供給方式は小さいチップ（0.2～0.5mm角）では，少ない樹脂を安定して供給できるスタンピング転写方式が使われるが，それ以外のほとんどはディスペンス方式（5～10cc程度の容器に樹脂が充填されている）が用いられる．ディスペンス方式は使用直前まで外気に触れないために安定状態を長く保つことができると同時に，取り扱いが簡単なので，主にロジックIC，メモリー，光デバイスの接合用として使われている．

2）はんだ接合方式

大出力のデバイスは発熱量が大きいので，放熱効果を高めるためにリードフレームには熱伝導率の大きい銅合金が用いられる．しかし，チップと銅合金の熱膨張係数が違うために発生するチップとリードフレームとの接合界面の応力でIC不良がおこる．この応力を緩和するために比較的柔軟性のあるPb-Sn系はんだが接合剤として使われる．このはんだは熱伝導率が高く電気抵抗も小さい．また比較的安価でもあるので接合材としては優れている．一般的なPb-Snはんだの成分はSn61.8％，Pb38.2％で，融点は183.3℃であるが，ダイボンディングに用いるはんだは，ICを基板などに実装する時の加熱温度で溶融しないために，Pbを多量にふくんだ高融点はんだ（成分例：Pb95％，Sn5％，融点310℃）が使われる．

ダイボンディングは，300～350℃に加熱された環境下で行うので，はんだやリードフレームが酸化すると接合特性に著しく悪影響をおよぼす．そのために，不活性ガスや還元性ガス雰囲気中で作業を行い，酸化を防止しなければならない．また，はんだとリードフレーム界面に存在する自然酸化膜をはんだ表面から除去することや，チップを動かしてなじみをよくすることなどの工夫が必要である．

チップ表面が，Siのままであるとはんだが付かないので，AuやAgのめっきを施す．また，Siに直接付けると接着力が弱いので，Cr，Ti，Niなどの合金を**蒸着**した多層構造を採用している．最近では環境問題への対応のためにPbフリー（鉛レス）はんだの利用も進められている．本方式はパワートランジスタ，大中容量ダイオード，IGBT（insulate gate bipolar transistor），電源用ICのダイボンディングに用いられる．

3）Au-Si共晶合金接合方式

Au-Si共晶合金の融点は，370℃と比較的低温で，また硬く，電気や熱の伝導率も大きい．欠点としては，硬くて変形しないので，基体とチップの熱膨張係数が大きく違うとチップに歪みが加わって割れることや，Auの価格が高いことなどが挙げられる．したがって，一般的に小さいチップ（1mm × 1mm以下）のダイボンディングに用いられる．この場合，融点よりも80℃程度高い温度（420～470℃）に加熱して行う．Au単体は酸化しないが，SiとAuの合金は酸化するので，不活性ガスもしくは還元性のガス雰囲気のもとでダイボンディングを行い，はんだとリードフレームの酸化を防止しなければならない．

Auの供給方法には，

① チップを搭載する直前にテープ状のAuをチップサイズに合わせてカット，個片化したものを供給し，その上にチップを載せる方式

② あらかじめチップ裏面にAuめっきを施した状態でチップを搭載する方式

の2種類があるが，最近ではほとんど後者が使われている．この際のチップ裏

面のAuめっきは，Sn-Pb系はんだの場合よりも厚めにする．またリードフレーム側もAuやAgのめっきが必要である．以上のような特徴から本方式は小信号トランジスタ，ダイオード，MOS電界効果トランジスタ，高輝度LEDの接合に用いられる．

ダイボンディングに使用する接合材料に要求される品質（特性）は次のとおりである．

①熱伝導（放熱性）がよい．

②電気伝導度が高い（用途によっては絶縁性のケースもある）．

③耐熱性がある．

④温度変化による劣化がない．

⑤チップと基体との熱膨張率の差による歪みを吸収できる．

⑥ワイヤボンディング時に必要な程度の固定性があること．

4）最近の傾向

上記の3種類の接合方式以外に，テープを使った方式が最近使われるようになってきた．これは携帯機器の進化にともなってICの高機能小型化が急速に進む中で，チップの3次元実装が盛んに行われるようになってきたためである．チップの上に別のチップを搭載するために，2段目，3段目のチップ接合材のはみ出しや厚みを高精度にコントロールすることが要求されている．そのため

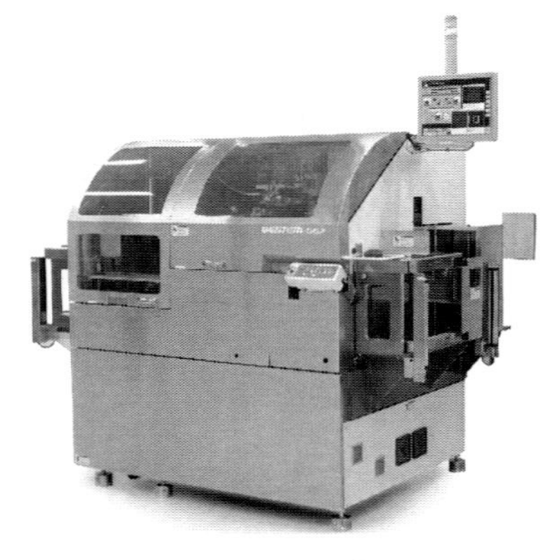

(a) IC用のダイボンディング装置

(b) ダイボンディングの様子

図4.41　IC用のダイボンディング装置
（写真提供：キヤノンマシナリー㈱）

に，形状，厚みが安定したテープ状の接合材でチップを接合する方式が考案されたのである．このテープ状（またはシート状）の接合材は，ダイシングでも述べたDAFとよばれ，100～200℃の比較的低い温度でも接合し硬化させることができる．DAFにはチップサイズに切断して供給するテープ状のものと，あらかじめウェーハの裏面に貼り付けておくシート状の2種類がある．3次元実装のダイボンディングでは急速に主流になりつつある．

図4.41に樹脂接合とDAF方式の二つの接合ができるIC用のダイボンディング装置の外観とダイボンディングの様子をそれぞれ示す．

4.8.3 ワイヤボンディング

ワイヤボンディングとはチップとリードフレームとの間を接続する工程で次の3種類がある．

①熱圧着方式：thermal compression bonding

②超音波方式：ultrasonic bonding

③熱圧着，超音波併用方式：ultrasonic thermal compression bonding

特殊な例として，ダイボンディングとワイヤボンディングの二つの工程を兼ねるワイヤレスボンディング（wireless bonding）方式と呼ばれる方法もある．

1）熱圧着方式

図4.42のイメージ図に示すように，キャピラリ（capillary：毛細管という意味で，管の軸心にワイヤを通すための細穴を有し，通常先端が円錐形をしたボンディング用治具）の中にAu線を通し，Au線の先端部を電極でスパークさせて溶解し，ボール状の固まりを作る．その後，加熱しておいたチップの位置までキャピラリを下げてボールを押しつぶしながら，AuとAlの拡散合金層を形成させて接合する方法である．続いて，キャピラリを少し引き上げながら移動させて，外部接続リードに圧着して作業が完了する．ワイヤクランパ（ワイヤの供給やボンディング後のワイヤ切断のためのワイヤを掴む機構部品）は必要に応じて開閉する．

2）超音波方式

図4.43のイメージ図からわかるように，ウェッジ（楔形の先端形状を有し，

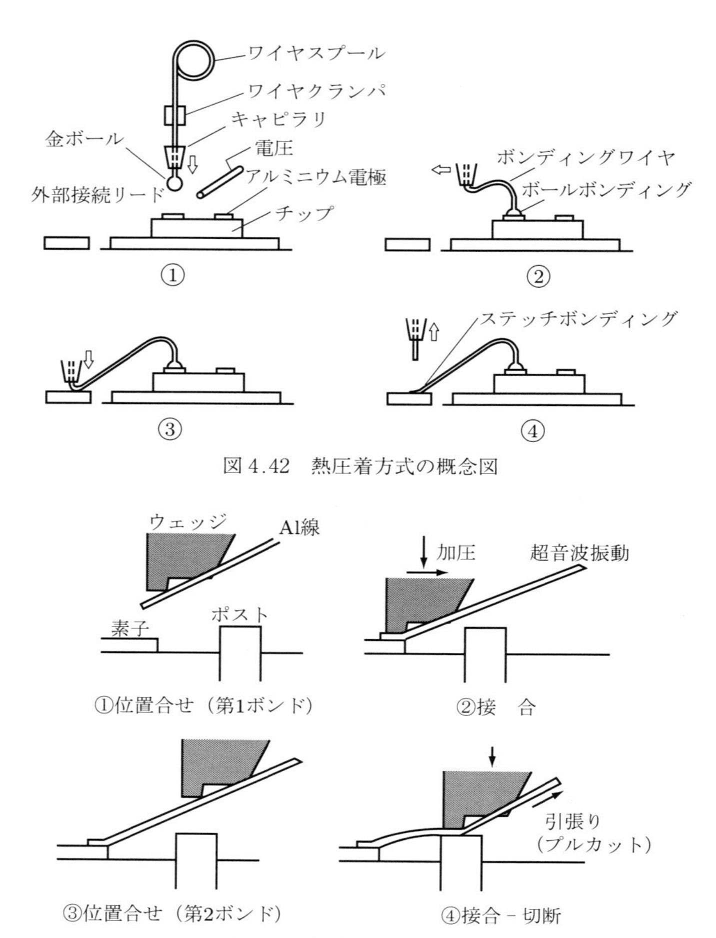

図4.42　熱圧着方式の概念図

図4.43　超音波方式の概念図

ホーン先端に取り付けられ，超音波振動をワイヤに印加するための治具）に純粋なAl線やAlに少量の多種金属を混合したAl合金線を通し，Al線をチップに押し付けた後に，ウェッジを超音波で振動させて，チップ電極（Al）とAl線を摩擦させて接合させる．

この方式の特徴は，チップを加熱する必要が無く，またAlとAlの合金であるから，Au-Alの合金のように熱を加えても劣化しない．しかし，ワイヤを接合する方向に制限があることや，作業速度が遅いことなどの欠点がある．

3）熱圧着・超音波併用方式

熱圧着方式と超音波方式を併用したボンディング方式で，比較的に低温（150℃～280℃）で，高速ボンディングが可能なことからワイヤボンディングの主流となっている．

図 4.44 に熱圧着，超音波併用方式ボンディング装置の外観とボンディングの様子をそれぞれ示す．

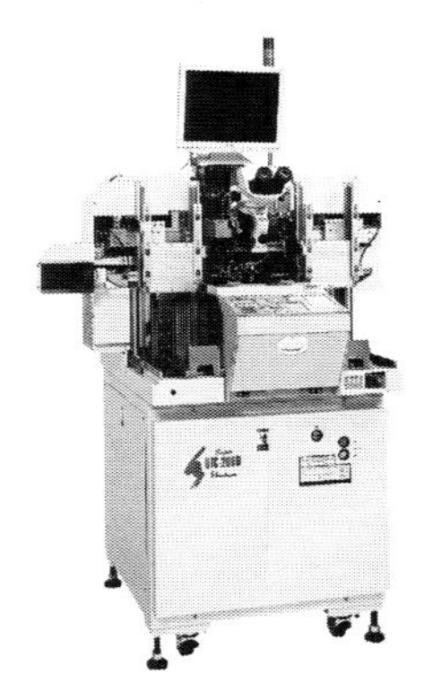

(a)装置の外観

(b)ボンディングの様子

図 4.44　熱圧着・超音波併用ボンディング装置
（写真提供：㈱新川）

4）ワイヤレスボンディング方式

ワイヤレスボンディング方式は，チップの高密度化や IC の小型化にともなって，ダイボンディングとワイヤボンディングを同時に行う方法である．主な方式を図 4.45 に示す．

①フリップチップ：チップにはんだバンプ（突起）を付けて，リードフレームに接合する．

②ビームリード：チップにビームリードと呼ばれる Au めっきリードを付けて，リードフレームに接合する．

③フィルムキャリア：フィルム（多くの場合はポリイミド）にエッチングでリードを形成し，Sn めっきされたリードにバンプの付いているチップを熱圧着で接合する．この方法は，主として液晶ドライバの製造工程で使わ

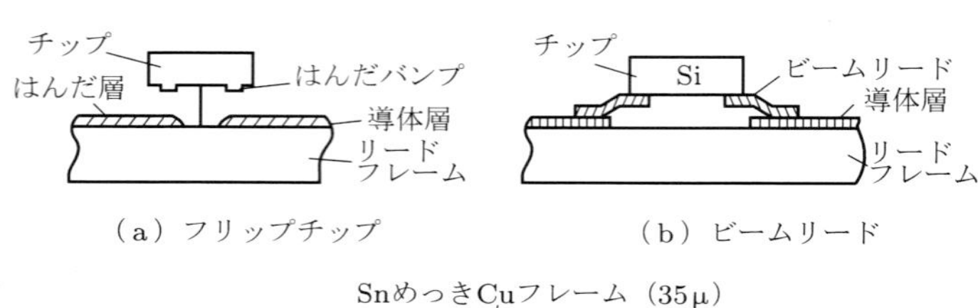

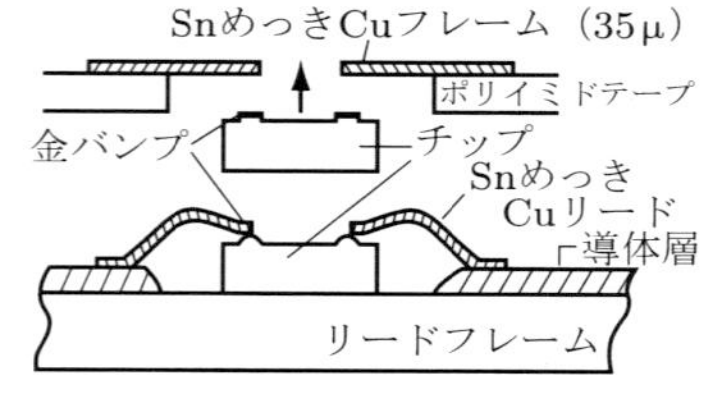

図 4.45　ワイヤレスボンディング方式の概念図

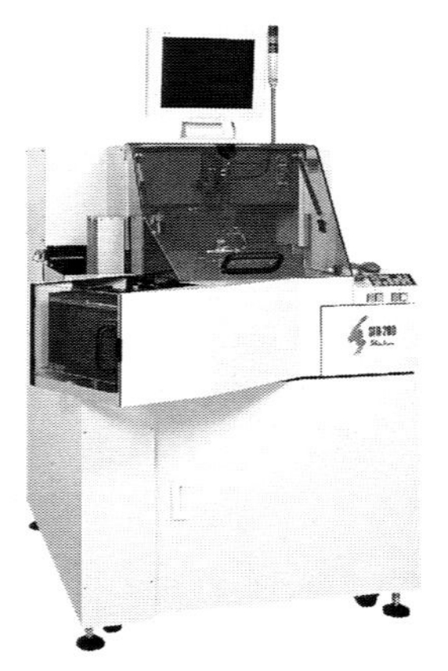

図 4.46　ワイヤレスボンディング装置（フリップチップ方式）の外観
（写真提供：㈱新川）

れる．

図 4.46 にフリップチップ方式のワイヤレスボンディング装置の外観を示す．

4.8.4 封　止

1）封止の目的

封止の目的は次の 3 点である．

①外部環境からの保護（温度，湿度，光，衝撃，圧力，汚染など）.
②外部に対する電気的絶縁.
③内部発熱の放散.

これらの目的を達成する封止には，気体を一切通さないようにする気密封止（ハーメチックシール：hermetic seal）と，ある程度気体は通過させるが実用上問題の無い非気密封止（non-hermetic seal）の2種類に大別できる．気密封止は，IC製造の初期段階では広く使われてきたが，コストが高いので，現在では，主に高い信頼性を必要とするICのみに使われている．これに対して，非気密封止は，材料が安価なことや自動化に適して，低コストなので，民生用のICはほとんどこの封止方法を利用している．

2）封止方法の種類と特徴

気密封止は，外界から完全に密閉されて微量のガスや水分などの侵入を防ぐことができるので，長期間の信頼性保持が要求されるIC用で高価でもある．同じく高価である金属封止（金-スズシール），封止温度が高い（～480℃）セラミック封止（低融点ガラスシール）やガラス封止なども用途が限定されている．

非気密封止は安価で量産性が高いために，一般的に使われている．後で述べる金型を使って樹脂封止するトランスファモールド法は，材料費や能率の点から量産に適し低コストであるが，水分に対する阻止能力は気密封止に比べて劣る．

気密封止である金属封止とセラミック封止，ガラス封止の特徴をまとめると以下の通りである．

①　金属封止：ガラスで封止されたリードフレームにチップを付け，ワイヤボンディングの後に，不活性ガスまたは乾燥空気雰囲気中で金属パッケージと溶接して気密封止する．この方式は，ダイボンディング以降が個々のデバイスごとに分割されるので，自動化には不向きで，コストが割高となる．

②　セラミック封止：低温で溶けるガラスで封止する方式で金属封止に近い．この方式も，気密性が良いから信頼性は高いが，セラミックパッケージの

コストが高いため，特殊なデバイスを除いて，ほとんど利用されていない．

③　ガラス封止：この方法は，現在ダイオード用として主に使われている．ガラスとなじみが良く，軟質ガラス封着用金属で鉄ニッケル合金線の心材を銅層に被覆したジュメット（dumet）線を使って封止する．ガラスと金属リードの熱膨張率の差を利用して，リードでチップを押さえつける方式が大半である．

非気密封止である樹脂封止法が開発された初期には，樹脂の中に浸漬するディッピング法や，樹脂を入れた型枠の中にデバイスを入れて固めるキャスティング法などが用いられたが，現在では，トランスファモールドプレスを使う低圧トランスファモールド成形方式が一般的である．樹脂封止装置の外観を図4.47に示す．

図4.47　樹脂封止装置の外観
（写真提供：TOWA ㈱）

2）封止用樹脂に要求される性能

第5章で述べるように，半導体デバイスの信頼性向上のためには，耐湿性，電気絶縁性，機械的強度が必要で，そのためには樹脂材料には，寸法安定性，流動性，硬化特性，離型性，保存性などが要求される．

①　寸法安定性：樹脂の硬化時に収縮するが，収縮率が一定でなければならない．

② 流動性：必要な樹脂量はキャビティ（窪み）の容積分である．個々のキャビティを連結しているランナー（樹脂が流れる通路）にある樹脂は無用である．したがって，ランナーはできる限り細く，短くしなければならないが，必要量の樹脂を細い孔を通して短時間に供給させるために，流動性が良くなければならない．

③ 硬化特性：できる限り短時間に硬化し，硬化後は軟化温度ができるだけ高いものが良い．

④ 離型性：リードフレームに完全に接着して，耐湿性や機械的強度を確保しなければならない．反面，成形金型に対しては適度な離型性が要求される．このように，対象によって接着力の選択性が必要である．

⑤ 保存性：高い温度でも硬化しない樹脂が実用的である．

3）樹脂封止に要求される課題とパッケージの代表例

集積度の向上にともなってICの配線間隔が短くなり，チップに形成される素子数は飛躍的に増大している．結果としてチップサイズも小さく，かつ薄くなる傾向にある．今後，短い封止寸法で，機械的強度と封止性を確保するためには，材料や形成方法などの改善が必要である．

樹脂封止における主な品質要求は下記の2点である．

① パッケージ内部または表面のボイド（気泡）を極小にする．

② ワイヤスウィープ（wire sweep，ワイヤ曲がりとも呼ばれる．配線に使われる金線が封止時に樹脂によって押し流されて変形する現象．配線間のショートの原因となる）を小さくする．

①に対しては，キャビティ内を減圧状態にして成形する手法が採用されている．②に対しては，樹脂のキャビティへの流動を同一にする成形手法（マルチプランジャ成形法：図4.48）やコンプレッションモールド手法（図4.49）が開発，実用化されている．キャビティ内に樹脂を直接投入した後に，樹脂を溶融させて金型を締め成形する方式（ロングワイヤや大型キャビティ，薄型キャビティに対応する最新の成形方法）であるコンプレッションモールド手法は，従来の型締め後にプランジャを押し上げてポット内の樹脂をキャビティ内に押し込むトランスファモールド方式（図4.50）に比べて，樹脂流動が極端に少

図 4.48　マルチプランジャ成形法
（写真提供：TOWA ㈱）

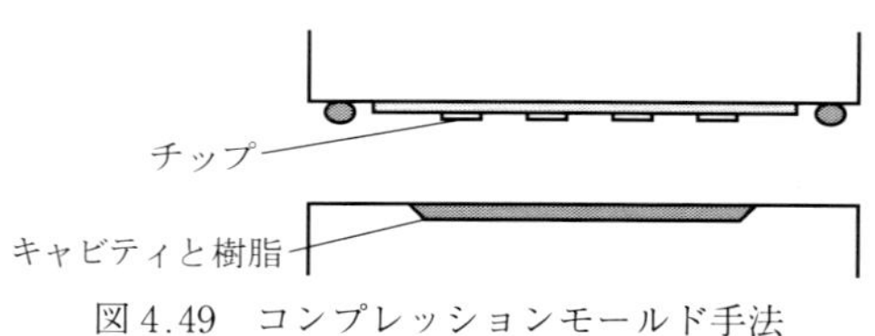

図 4.49　コンプレッションモールド手法
（資料提供：TOWA ㈱）

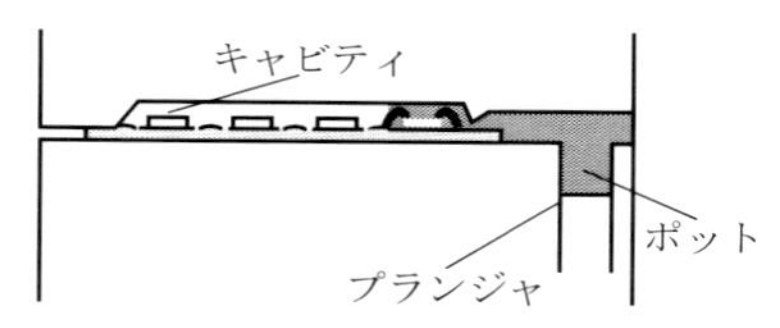

図 4.50　トランスファモールド法
（従来の成形手法）
（資料提供：TOWA ㈱）

ない特徴を持っている．

封止後，リードのめっきを行う．めっきには今までは，Pd-Sn 系が使用されていたが，近年の化学物質の規制によって Pd フリー化されて，Sn-Cu や Sn-Bi が用いられている．しかし，Pd フリーでは，Sn のウィスカ（ひげ）などの問題があるので注意する必要がある．その後，余分な樹脂やバリを取り除いて表面に社名，製品名，シリアル番号などを印刷する．最期に，リードフレームから IC を分離し，リードフォームを実施して後工程が終了する．

IC パッケージには数多くの種類があるが，CSP（chip scale package）は，チップと IC の完成品の面積がほぼ同じで，軽量，高速動作を特徴とするパッケージである．また，集積度を上げるために，複数チップを一つのパッケージ内に積み重ねて実装（チップ間は直接またはワイヤボンディングで接続）する MCP（multi chip package）法も考案されている（図 4.51）．

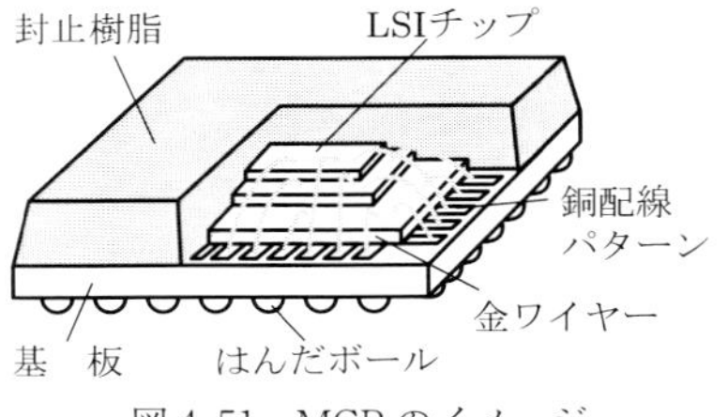

図 4.51 MCP のイメージ

第 4 章のまとめ

- 最先端の微細 MOSIC を製造するために，製造環境としてのクリーン度や洗浄工程における品質管理が徹底されている．
- 成膜，リソグラフィ，エッチングおよびドーピング，配線技術を用いた各種製造工程においても，製造ばらつきを最低限度に抑える工夫がなされ実用化されている．
- 携帯電話の進化にともない，IC チップの 3 次元実装が組立技術の主流になりつつある．

5 MOS 集積回路の信頼性技術

半導体デバイスの信頼性を評価するのに必要な故障率と故障分布の定義，あわせて，故障率の予測方法と各種信頼性試験の概要を記述する．また，MOSIC の代表的な故障例とその対策を説明する．特に，最近の MOSIC の故障原因として注目されている Cu 配線のエレクトロマイグレーションや，負バイアス温度不安定性などに対する設計，製造プロセス上の対策についても解説する．

5.1 半導体デバイスの信頼性

5.1.1 信頼性の定義

日本工業規格では，信頼性は「アイテムが与えられた条件で規定の期間中に要求された機能を果たすことができる性質」（JIS Z 8115 信頼性用語）と定義されている．すなわち，「製品が使用期間中に，故障しないで機能を続けること」で，製品の時間的な品質を表している．信頼性を表す尺度として，信頼度，故障率，平均故障寿命などがある．

5.1.2 信頼度と故障率

信頼性を表す指標として故障率が通常使用される．**故障率**は，製品が単位時間内に故障する割合で，たとえば，同一環境の使用条件で n_s 個のサンプルを同時に使用し，任意の時間 t までに $r(t)$ 個が故障したとすれば，故障確率は $r(t)/n_s$ である．時間 t における**信頼度** $R_e(t)$ と不信頼度（**累積故障確率**）$F(t)$ はそれぞれ，

$$R_e(t) = \frac{n - r(t)}{n_s} \tag{5.1}$$

$$F(t) = \frac{r(t)}{n_s} \tag{5.2}$$

と定義されている．

また，時間 t から Δt 間における故障率 $\lambda_f(t)$ と**故障確率密度** $f(t)$ は，

$$\lambda_f(t) = \frac{\Delta t\text{間における故障数}}{\text{時間}t\text{までの残存数}} \times \frac{1}{\Delta t} \tag{5.3}$$

$$f(t) = \frac{\Delta t\text{間における故障数}}{n_s} \times \frac{1}{\Delta t} \tag{5.4}$$

とそれぞれ定義される．ここで故障率は時間の関数なので，$\Delta t \Rightarrow 0$，$n_s \Rightarrow \infty$ の場合は，$R_e(t)$，$\lambda_f(t)$，$f(t)$ は連続的な時間の関数として表され，$R_e(t)$ と $F(t)$ は次式のように変形できる．

$$R_e(t) = \int f(t)\,dt = \exp\left[-\int f\lambda(t)\,dt\right] \tag{5.5}$$

$$F(t) = \int f(t)\,dt = \exp\left[-\int f\lambda(t)\,dt\right] \tag{5.6}$$

したがって，故障率関数は，

$$\lambda_f = \frac{f(t)}{R_e(t)} = -\frac{dR_e(t)}{dt}\frac{1}{R_e(t)} = -\frac{d(\ln R_e(t))}{dt} \tag{5.7}$$

であり，故障確率密度関数は，

$$f(t) = \frac{dF(t)}{dt} = -\frac{dR_e(t)}{dt} \tag{5.8}$$

となる．

次に，時間 $t_i - t_{i-1} = h$ の間に r_i 個の故障が発生し，t_n 時間では全サンプルが故障したとすると（図 5.1），故障確率密度の時間的変化は図 5.2 のようになる．また，信頼度と累積故障確率との関係は図 5.3 のように描かれる．一方，$R_e(t)$ を故障率 λ_f で表すと，

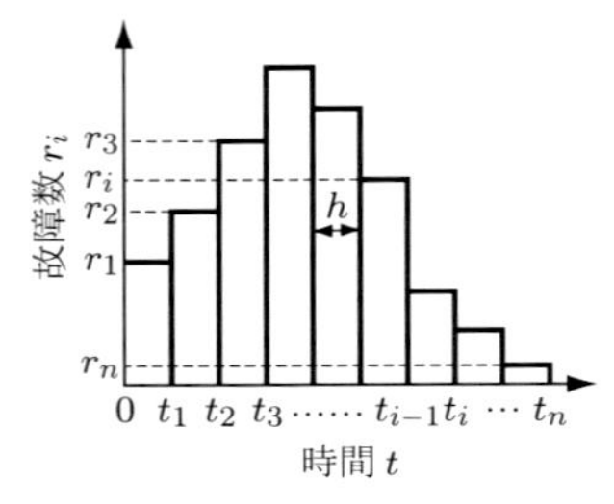

図5.1　故障数の離散時間分布

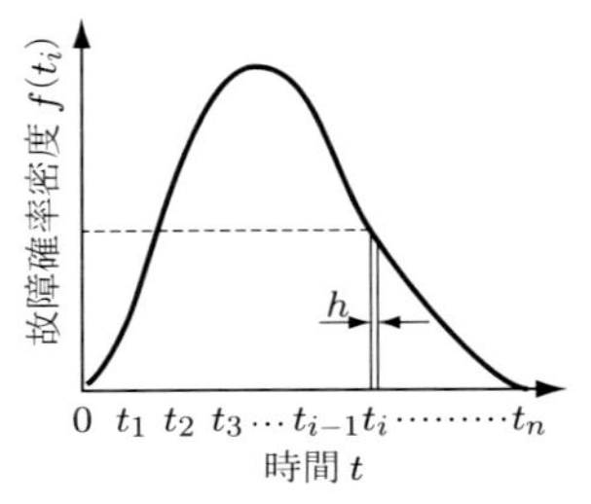

図5.2　故障確率密度と時間との関係

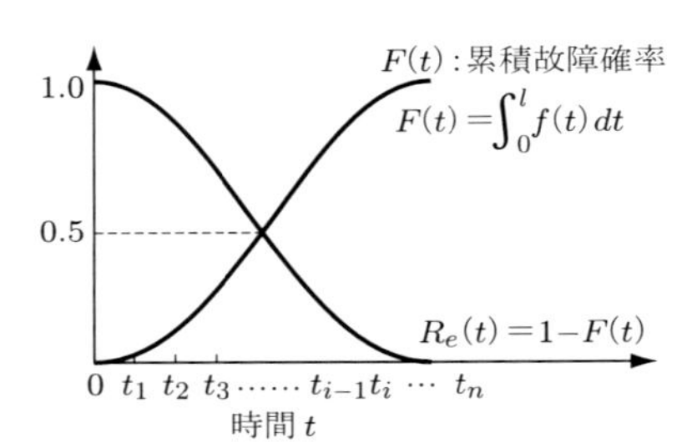

図5.3　信頼度と累積故障確率の関係

$$R_e(t) = \exp\left[-\int_0^t \lambda_f(t)\,dt\right] \tag{5.9}$$

のようになる．

寿命は，修理が不可能な装置や部品では**平均故障時間**（**MTTF**：mean time to failures），修理可能な装置では**平均寿命**（**MTBF**：mean time between failures）としてそれぞれ定義され，修理が不可能である半導体デバイスでは，寿命として次式のMTTFが定義される．

$$\mathrm{MTTF} = \int_0^\infty tf(t)\,dt \tag{5.10}$$

故障率の時間的変化は，①減少型（**DFR**：decreasing failure rate），②一定型（**CFR**：constant failure rate），③増加型（**IFR**：incresing failure rate）の三つに分類でき，それらの特性をまとめたのが表5.1である．

表5.1に記載しているワイブル分布は指数分布を拡張したもので，発生する故障がランダムであると仮定したポアソン分布より，一番弱い箇所が製品の寿

表 5.1 故障率の基本型と対応する分布

故障率の形	特 徴	保全への効果	信頼度 $R_e(t)$	故障密度関数 $f(t)$	故障率 $\lambda(t)$	対応する分布の例	ワイブル分布の形状母数 m
減少型 DFR	良,不良ロットが混在している製品の使い始めに見られる.多くの電子部品の故障率が該当する.	予防保全が行わず,時間とともに良くなることから,デバギングが有効である.	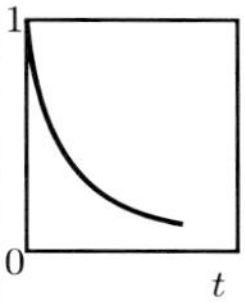 1, 0, t	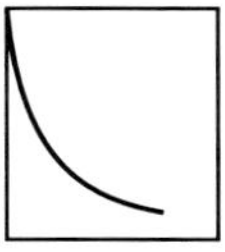 t	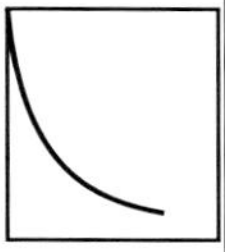 t	たとえば二つの指数分布の混合	$m<1$
一定型 CFR	いろいろな故障原因やストレスのランダムな混入により偶発的におこる.比較的複雑なシステム製品に発生する.	予防保全は無効である.	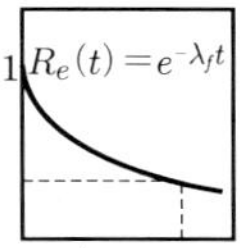 1, $R_e(t)=e^{-\lambda_f t}$, $1/\lambda_f=t_0$, t	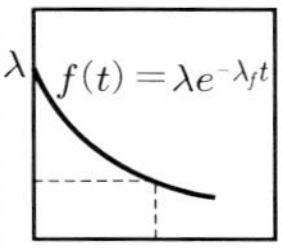 λ, $f(t)=\lambda e^{-\lambda_f t}$, $1/\lambda_f=t_0$, t	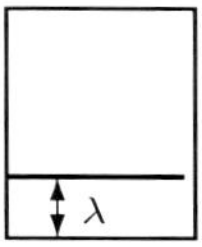 λ, t	指数分布	$m=1$
増加型 IFR	機械的磨耗や腐食などによって本質的な寿命にきて,故障が集中的に発生する.	故障が集中的に発生する前に,予防保全で取り替えると有効である.	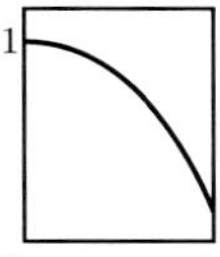 1, 0, t	 t	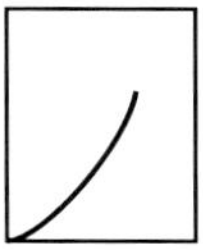 t	正規分布	$m>1$

命を決定する最弱リンクモデルと良く一致する.**ワイブル分布**は次の数式で表現することができる.

信頼度関数 $$R_e(t) = \exp\left\{-\left[\frac{(t-\gamma)^m}{t_0}\right]\right\} \tag{5.11}$$

累積故障確率 $$F(t) = 1 - R_e(t) = 1 - \exp\left\{-\left[\frac{(t-\gamma)^m}{t_0}\right]\right\} \tag{5.12}$$

確率密度関数 $$f(t) = -\frac{m(t-\gamma)^{m-1}}{t_0}\exp\left\{-\left[\frac{(t-\gamma)^m}{t_0}\right]\right\} \tag{5.13}$$

瞬間故障率 $$\lambda_f(t) = \frac{f(t)}{1-F(t)} = \frac{m(t-\gamma)^{m-1}}{t_0} \tag{5.14}$$

ここで,

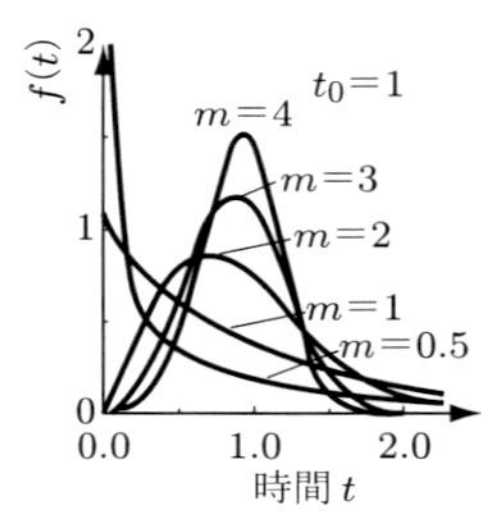

$m<1$：故障率減少型
$m=1$：故障率一定型
$m>1$：故障率増加型
$m=3\sim4$では正規分布に近い

図5.4　ワイブル分布の形状

m：**形状パラメータ**　故障率の時間的変化を推定するパラメータ（図5.4）．

t_0：**尺度パラメータ**　時間を規格化するパラメータ．

γ：**位置パラメータ**　故障発生開始時間を示すパラメータ．ある期間中に故障しない場合，故障が発生する時間を示すパラメータ．

5.1.3 ワイブル分布による故障データの解析方法

ワイブル分布の形状，尺度パラメータ（m，t_0）を推定する方法には，**パラメトリック推定**（分布形を仮定して推定）と**ノンパラメトリック推定**の2種類があるが，半導体デバイスでは経済性の観点からパラメトリック推定が主に採用されている．また，実際の信頼性データは離散型であるが，パラメトリック推定の場合は連続分布と仮定している．

ワイブル確率紙は式(5.13) において $\gamma=0$ として，さらに対数を2回とった次式で表すことができ，これから m と t_0 が計算できる．

$$\ln\ln\frac{1}{1-F(t)}\ m\ln t-\ln t_0 \tag{5.15}$$

ワイブル確率紙が無い場合や報告書などに整理する場合は，Excelを利用する方が便利である．式(5.15) からわかるように，故障率 F と時間 t との間には直線関係があるので，直線の切片から t_0 を，傾きから形状パラメータ m をそれぞれ計算することができる．

続いて，Excelによるデータ解析法を説明する．

① 目盛りデータを作成する．Excel画面（図5.5）で，左表は故障率

(0.001から0.999) を示す.

② 右表は各試験時間での故障率と1/(1 − 故障率) を対数を2回とった値

	A	B	C	D	E	F	G
2							
3	目盛		n	t	累積故障数	F(t)	LN(LN(1/(1−F(t))))
4	0.001	−6.90726	15	1000	1	0.0625	−2.740493007
5	0.0015	−6.50154		2000	2	0.125	−2.013418678
6	0.002	−6.21361		3000	3	0.1875	−1.571952527
7	0.003	−5.80764		4000	4	0.25	−1.245899324
8	0.004	−5.51946		5000	5	0.3125	−0.981647055
9	0.005	−5.29581		9000	8	0.5	−0.366512921
10	0.01	−4.60015					
11	0.15	−1.81696					
12	0.02	−3.90194					
13	0.03	−3.49137					
14	0.04	−3.19853					
15	0.05	−2.9702					
16	0.1	−2.25037					
17	0.15	−1.81696					
18	0.2	−1.49994					
19	0.25	−1.2459					
20	0.3	−1.03093					
21	0.4	−0.67173					
22	0.5	−0.36651					
23	0.6	−0.08742					
24	0.7	0.185627					
25	0.8	0.475885					
26	0.95	1.097189					
27	0.99	1.52718					
28	0.999	1.932645					

図5.5　Excel表へのデータ入力(1)

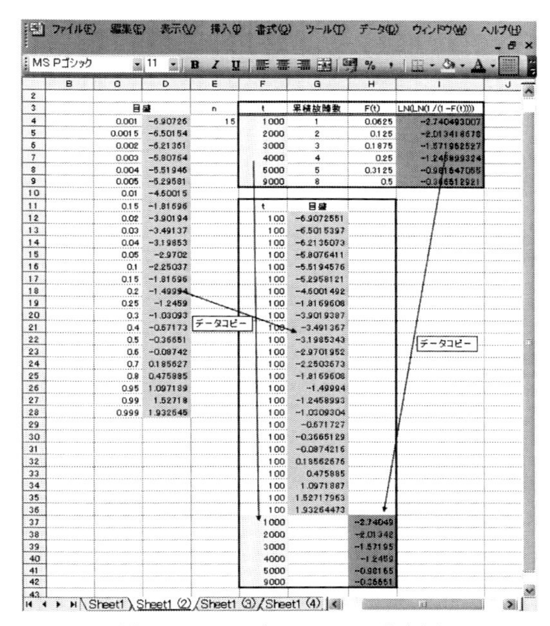

	B	C	D	E	F	G	H	I
2								
3		目盛		n	t	累積故障数	F(t)	LN(LN(1/(1−F(t))))
4		0.001	−6.90726	15	1000	1	0.0625	−2.740493007
5		0.0015	−6.50154		2000	2	0.125	−2.013418678
6		0.002	−6.21361		3000	3	0.1875	−1.571952527
7		0.003	−5.80764		4000	4	0.25	−1.245899324
8		0.004	−5.51946		5000	5	0.3125	−0.981647055
9		0.005	−5.29581		9000	8	0.5	−0.366512921
10		0.01	−4.60015					
11		0.15	−1.81696		t	目盛		
12		0.02	−3.90194		100	−6.9072551		
13		0.03	−3.49137		100	−6.5015397		
14		0.04	−3.19853		100	−6.2135073		
15		0.05	−2.9702		100	−5.8076411		
16		0.1	−2.25037		100	−5.5194576		
17		0.15	−1.81696		100	−5.2958121		
18		0.2	−1.49994		100	−4.6001492		
19		0.25	−1.2459		100	−1.8169608		
20		0.3	−1.03093		100	−3.9019387		
21		0.4	−0.67173		100	−3.491367		
22		0.5	−0.36651		100	−3.1985343		
23		0.6	−0.08742		100	−2.9701952		
24		0.7	0.185627		100	−2.2503673		
25		0.8	0.475885		100	−1.8169608		
26		0.95	1.097189		100	−1.49994		
27		0.99	1.52718		100	−1.2458993		
28		0.999	1.932645		100	−1.0309304		
29					100	−0.671727		
30					100	−0.3665129		
31					100	−0.0874216		
32					100	0.18562676		
33					100	0.475885		
34					100	1.0971887		
35					100	1.52717963		
36					100	1.93264473		
37					1000		−2.74049	
38					2000		−2.01342	
39					3000		−1.57195	
40					4000		−1.2459	
41					5000		−0.98165	
42					9000		−0.36651	

図5.6　Excel表へのデータ入力(2)

を表示している．

③ 目盛りデータと信頼性データを異なる列にコピーする（図 5.6）．目盛りデータを時間軸と同じ時間にプロットするために，試験時間を選択する必要がある（ここでは 100 時間としている）．

④ 目盛り用時間に試験時間を入力し，時間目盛りデータに対応する故障率データを（右列に）コピーする．

⑤ 時間データと故障率データの散布図が図 5.7 である．横軸を 100 から 100000 の対数目盛りに，X 軸位置を縦軸の − 8 に設定する（図 5.8（a））．

⑥ 故障率のデータポイントをクリックし，右クリックでデータ形式の書式設定の軸を選択する．第 2 軸を選択し，縦主軸をクリックし軸の書式設定でパターン項目の，目盛の種類，目盛りラベルを「なし」にすると図 5.8（b）となる．

⑦ 故障率のデータポイントと，「近似曲線の追加」をクリックして線形近似を選択する．つぎに，オプション画面で数式を表示し，「R- 2 乗値を表示する」をクリックする．

⑧ 縦軸に故障率を表示すると図 5.8（c）となり，近似式（式（5.15））から，m 値は 1.087 と計算される．

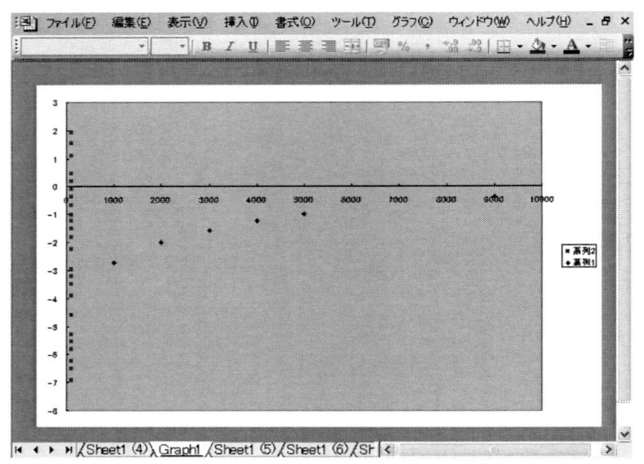

図 5.7　時間と故障率データの散布図
系列 1 は故障率を表し，系列 2 は故障率の目盛りを表している

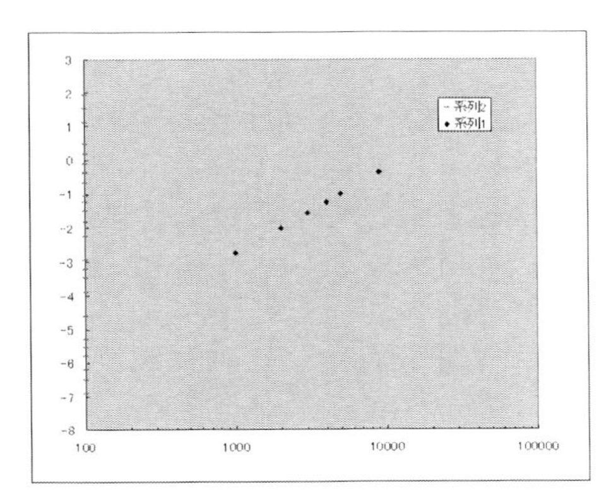

(a) 第2軸の選択

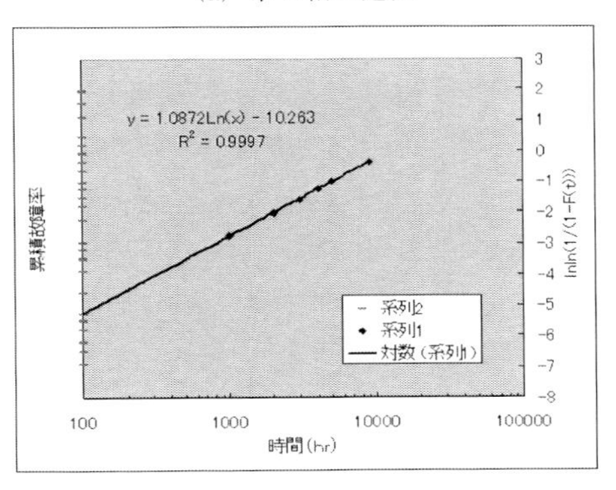

(b) R-2乗値の表示

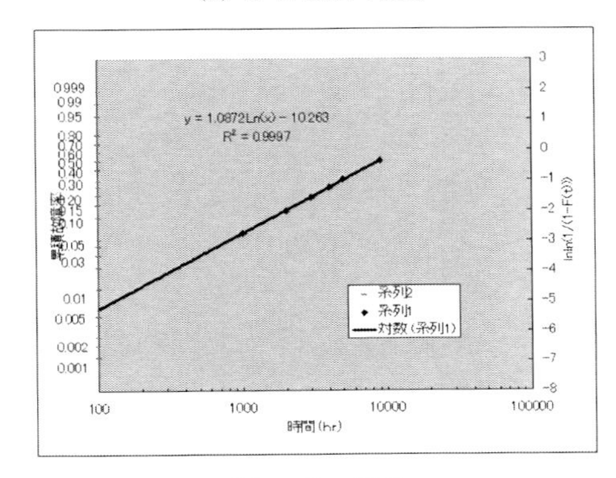

(c) *m*値の導出

図5.8 Excel表によるワイブルプロットの *m* 値の算出フロー

例題　半導体デバイス13個の信頼性試験から下表の結果を得た．この時のm値をExcel法を使って計算せよ．

故障時間〔hr〕	1	2	4	6	8	11	13	15	19	21	35	40
累積故障数	1	2	3	4	5	6	8	9	10	11	12	13

解答　5.1.3節の手法と同様に，Excelシートを作成，利用し，図5.8（c）に示す式5.15の近似直線からmは0.96と計算できる．

5.1.4 半導体デバイスの故障率

半導体デバイスの故障率は図5.9（バスタブに似ているので**バスタブカーブ**とも呼ばれる）に示すように，使用開始直後から発生する「初期故障」，比較的長い期間で散発的に発生する「偶発故障」，疲労や劣化などによって時間とともに多発する「摩耗故障」の期間に分類される．

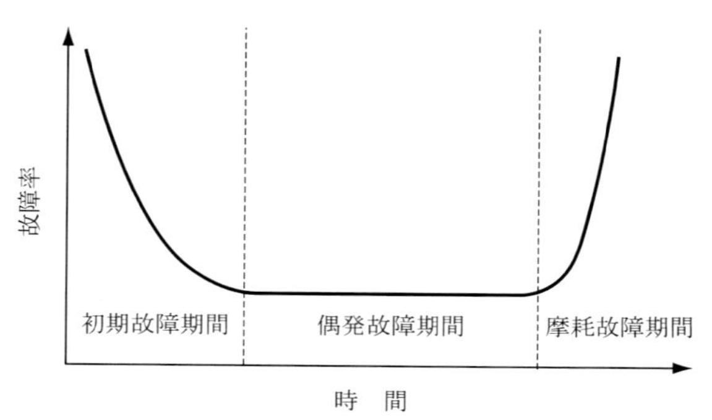

図5.9　半導体デバイスの故障率と時間との関係

初期故障と偶発故障領域の故障率λ_fは**FIT**（failure in time：故障数 / 対象デバイス数 × 稼動時間）で定義する．1FITとは稼働時間10^9時間中に1個の故障が生じる確率である．これに対して摩耗故障のλ_fは，一定の累積故障率に達する時間を寿命時間（TTF：time to failure）で定義する．一方，時間0における不良率の単位は**ppm**（part per million）で定義し，1ppmとは10^6

個のデバイスに不良品が1個であることを意味している．

5.1.5 故障率の予測法

λ_f の予測方法は，①加速試験，② MIL（military standard：米国軍用規格），③ FMEA（failure mode effect analysis：故障モードと影響解析）が代表的で，順次説明する．

1）加速試験

加速試験の結果から λ_f を予測するとき，故障数が非常に少ないので，ある一定の判定基準（これを**信頼水準**と言う）を設定する必要がある．半導体デバイスでは故障分布を指数分布と仮定しているので，信頼水準は λ_f の信頼限界の上限値とするのが一般的である．この手法は JIS C5003（電子部品の故障率試験方法通則）に規定されている．今，

総試験時間：T（試験個数 n_s × 試験時間 t）

故障数　　：r

とすると，$\lambda_f\,(r/T)$ は，信頼水準と故障数 r に対応した表5.2の数値（係数）を掛けた値になる．$r = 0$ での λ_f は a/T で，この係数 a は信頼水準が60％，90％でそれぞれ0.92と2.3なる．

加速試験の1種類で，後に述べる高温，高電圧を印加した**バーンイン試験**では，ワイブル分布から形状パラメータ m を計算して λ_f を推定することができる．すなわち，$\lambda_f\,(t) = f\,(t)\,/R_e\,(t)$ なので，λ_f は次式で求められる．

表5.2　故障率信頼限界の係数

故障数 r	信頼水準		故障数 r	信頼水準	
	60 %	90 %		60 %	90 %
1	2.02	3.89	6	1.22	1.76
2	1.55	2.66	7	1.2	1.68
3	1.39	2.23	8	1.18	1.62
4	1.31	2.00	9	1.16	1.58
5	1.26	1.85	10	1.15	1.54

$$\lambda_f(t) = \frac{mt^{m-1}}{t_0\alpha} = \frac{-mln(1-F(t))}{t\alpha} \doteqdot \frac{mF(t)}{t\alpha} \tag{5.16}$$

ここで α は加速係数で，電圧加速係数 × **温度加速係数**で定義する．

図 5.10 は，ゲート長が 0.8 μm である CMOS のバーンイン試験における不良率と故障率との関係を示したものである．式(5.16) を用いると形状パラメータ $m = 0.15$ と加速係数 $\alpha = 735$ が計算できる．また，バーンイン時間が 48 時間，**不良率管理 UCL**（upper clitical limit）を 2％とした場合，平均のバーンイン不良率が 0.48％での平均故障率は 20 FIT となる．

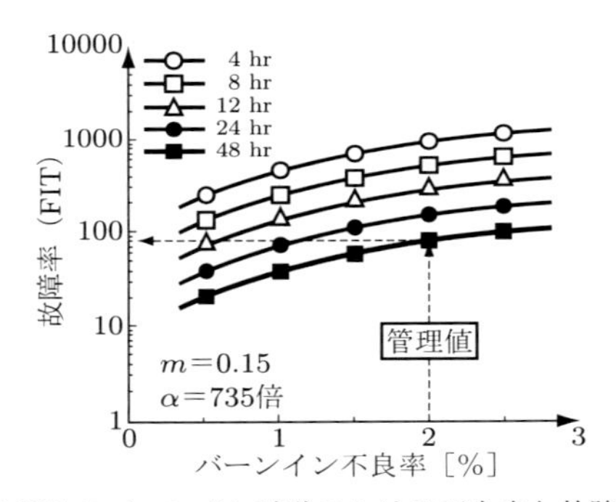

図 5.10　CMOS のバーンイン試験における不良率と故障率との関係

例題　ゲート長が 0.18 μm である CMOSFET のバーンイン実験から，ワイブル分布の形状パラメータ $m = 0.2$，加速係数 $\alpha = 1000$ が得られた．バーンイン時間が 48 時間で 100 FIT を保証するときの UCL を求めよ．

解答　式（5.16）を使用すると，$\lambda_f = 100$ FIT の場合 $F(t)$ が計算できる．続いて，同式から UCL = 2％を得る．

2）MIL 規格

多くの半導体デバイスの λ_f は，MIL 規格で製造された電子機器の実使用時に蓄積した「電子機器の信頼度予測：MIL-HDBK-217F」にもとづいて予測されている．この規格は，安全性を十分に考慮しており，λ_f は得られた実績と比べて 1 ～ 2 桁程高い値に設定されている．この規格におけるバイポーラや

MOSFETで構成されたアナログ，ディジタルICの予測故障率$\lambda_f p$は次式で与えられる．

$$\lambda_f p = \frac{\pi_Q (C_1 \pi_T + C_2 \pi_E)\,\pi_L}{10^6\,[\mathrm{hr}]} \tag{5.17}$$

ここで，式中のパラメータは以下のように定義する．

π_Q：品質ファクタ　　π_T：温度ファクタ
π_E：環境ファクタ　　π_L：習熟ファクタ
C_1：回路複雑度ファクタ　　C_2：パッケージファクタ

C_1はゲート数やビット数，C_2はパッケージ形状とピン数である．他の四つの定数は使用条件（π_T，π_E）やスクリーニング方法（π_Q），製造実績（π_L）で，その値が決定される．

3）FMEA

FMEAはアポロ計画で最初に採用され，その後に一般の民生（産業）分野へ応用された手法である．上述の1)と2)のような定量的手法ではなく，定性的に設計の不完全箇所や潜在的な欠陥を検出することを重視している．すなわち，製造プロセスの各段階で目標値をはずれることを事前に想定，分析して故障の発生を抑制しようというものである．FMEAは，信頼性，プロセス，設計技術者それぞれが故障となる箇所を予測し，信頼性試験項目に反映させるので，高効率な製造プロセスを開発することができる．n-MOSFETのプロセス開発時におけるFMEAの一例を表5.3に示す．表中に記載している故障原因のMOSFETへの影響の詳細は，5.3節以降で説明する．

5.2　半導体デバイスの信頼性評価

5.2.1 信頼性試験の目的

信頼性試験とは，外部からストレス（電圧や温度など）を印加した状態での部品やシステムの寿命を推測する試験の総称である．半導体デバイスでは，ユーザが要求する時間内に電子機器がその性能を維持し続けることを確認するた

表5.3　n-MOSFETのプロセス開発におけるFMEA例

1.要素（デバイス）	2.故障モード（内容）	3.故障推定原因	4.特性への影響	5.発生のしやすさ	6.重要度	7.対処内容	8.評価内容
n-MOSFET	V_{th} の増加	・ゲート酸化膜が厚い ・ゲート長が長い ・チャネルのドーピング量が多い ・界面準位が多い ・ホットエレクトロンの注入	・遅延時間が長い ・消費電力が大きい （CMOS インバータ）	必ず	A	設：マージンを見込む．トランジスタ構造の修正 プ：インラインコントロール テ：動作速度に関するテスト項目の充実	・V_{GS}-I_D 特性 ・V_{GS}-I_D 特性の温度，経時変化
	V_{th} の減少	・ゲート酸化膜が薄い ・ゲート長が短い ・チャネルのドーピング量が少ない ・プラズマによるダメージ	・遅延時間が短い ・消費電力が小さい （CMOS インバータ）	必ず	A	設：マージンを見込む．トランジスタ構造の修正 プ：インラインコントロール テ：動作速度に関するテスト項目の充実	・V_{GS}-I_D 特性 ・V_{GS}-I_D 特性の温度，経時変化
	g_m の減少	・界面準位が多い ・ホットエレクトロンの注入	・遅延時間が長い （CMOS インバータ）	必ず	A	設：トランジスタ構造の修正 テ：動作速度に関するテスト項目の充実	・V_{GS}-I_D 特性 ・V_{GS}-I_D 特性の温度，経時変化
		⋮					

＊）設：回路設計，　プ：製造プロセス（工程），　テ：テスト

めに信頼性試験が行われる．

半導体デバイスの信頼性試験は，機器への組込，調整や顧客先で据付，調整，稼動の各段階で，半導体デバイスが受けると想定されるストレスを負荷する．後述の信頼性試験では標準的なストレスを規定する．

半導体デバイスの信頼性試験においては次の3点を考慮する必要がある．

① 試験対象．

② 試験条件．

③ 試験結果からの判定．

開発段階では類似品の試験結果も参考にして，材料やプロセス，および設計内容を決定する．また，大規模なICではデバイス単体でなく，システム全体としても評価することが重要である．

① **TEG**（test element group）を用いて単体のトランジスタや受動素子，並びにセルレベル単位での評価．

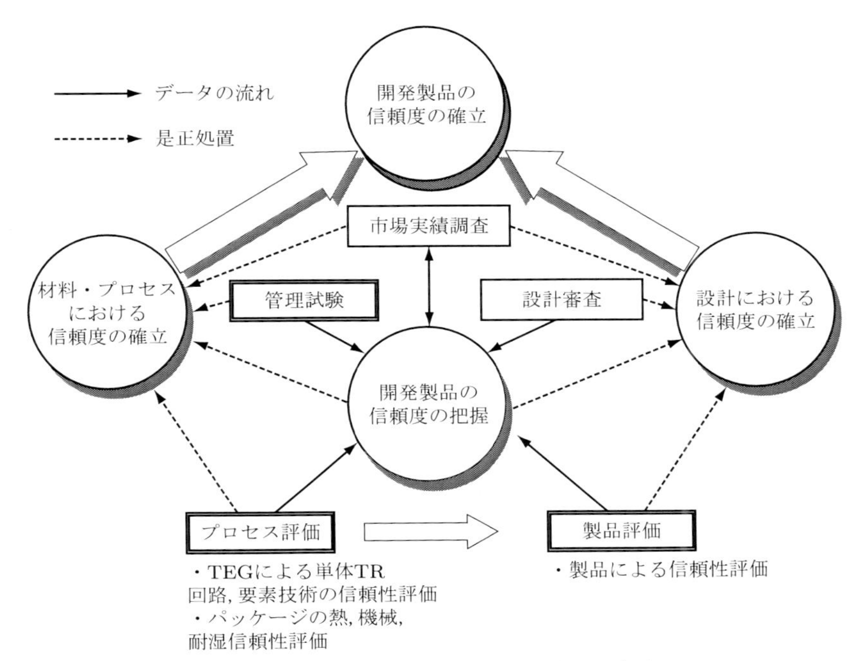

図5.11 ICの開発における信頼性確立の手順

② 簡単な回路ブロック単位での評価．

③ 大規模TEG（ヴィアやコンタクト数が実際のICとほぼ等しい）による総合的な回路での評価．

ICの開発において，信頼度を把握・確立する手順を図5.11に示す．影付きの太い矢印で示すように，ICの信頼度を上げるためには，材料，プロセス，設計の全てで信頼度を向上させることが必要である．

5.2.2 信頼性試験

半導体デバイスの信頼性試験は，各国の機関で規定され，主な規格は次の通りである．

① **JIS**（japanese industrial stan dards：日本工業規格）規格．

② **MIL**（military standard：米国軍用）規格．

③ **IEC**（international electrotechnical commission：国際電気標準会議）規格．

④ **JEITA**（japan electronics and information technolog y industries association：電子情報技術産業協会）規格．

⑤ **JEDEC**（joint electron devices engineering：電子素子技術連合評議会）規格．

⑥ **CECC**（electronic components committee：欧州電気標準化電子部品委員会）規格．

これらの規格で種々の試験方法や条件が規定されているが，その意図するところはすべて同じである．

試験時間（サイクル数と繰り返し回数をふくむ）と試験条件は，サンプル数と同様に，設計目標や顧客が要求する信頼水準に応じて設定されている．しかし，試験の加速性も加味して効果的で経済的な試験条件を選定する必要がある．また，信頼性試験は常に再現性が要求され，標準化された公的な試験規格で実施されなければならない．

信頼性試験では，まず，対象とするデバイスの故障とそれが関係する特性との因果関係を明確にし，つぎに，特性ごとに故障の判定基準を設定する．最後に，試験の前後における特性の変動が判定基準に対して許容範囲内であるかを判定する．通常，半導体デバイスの信頼性は設計や製造プロセス段階での要因に大きく左右されるので，設計や製造プロセスが同じである母集団からデバイスを抜き取って試験を実施するのが一般的である．デバイスを抜き取る基準は，設計の**品質水準**や顧客が要求する品質水準にもとづいて**LTPD**（lot tolerance percent defective）で決められている．計数1回の抜き取りLTPD検査の場合，n_s個のデバイスをt時間試験し，T時間（$T = n_s t$）内に故障数rが合格判定個数cに等しいか，それより小さければ（$r \leqq c$）合格と判定する．

5.2.3 加速試験

加速試験は，信頼性試験の一つで，最大定格より大きい温度，電圧，電流などの負荷やストレスを外部から加えて劣化を物理的，時間的に促進させ，通常使用条件下での寿命を短期間に推定する方法である．加速試験で注意すべき点は加速により実使用条件と異なった故障を生じることである．一般に，劣化原因が単純であれば加速も容易であり，寿命や故障率の予測も比較的簡単である．しかし，実際の場合には多くの故障原因が混在しているので，それぞれストレスから影響を受ける度合いが異なり，寿命や故障率を正確に予測することが困難となる．そこで，加速試験は，「できるだけ故障原因が変化しない条件」や「故障原因が少なく単純化しやすい条件」で行うことが重要である．

加速試験の代表的なストレス（パラメータ）として，①温度，②湿度，③電圧，④温度差，⑤電流があり，以下にそれぞれについて説明する．

1）温　度

温度加速試験は反応速度論モデル（**アレニウスモデル**）にもとづいており，化学反応速度をKとすれば次式で表される．

$$K = A\exp\left(-\frac{E_a}{kT}\right) \tag{5.18}$$

ここで，E_aは活性化エネルギー（単位はeV），kはボルツマン定数，Tは絶対温度，Aは定数である．

式（5.18）を用いると，寿命L_fは次式で推定される．

$$L_f = A'\exp\left(\frac{E_a}{kT}\right) \tag{5.19}$$

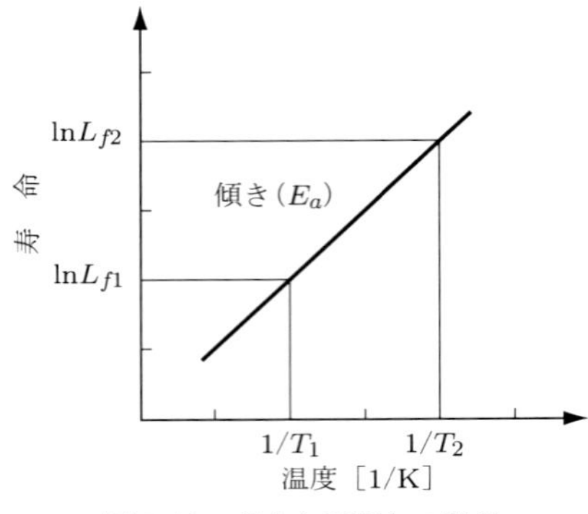

図 5.12　寿命と温度との関係

A'は定数である．もし，故障原因が単一であれば図 5.12 のように $\ln L_f$ と $1/T$ は直線関係にある．

2）湿　度

4.8.4 項で述べたように，樹脂封止が大部分の IC のパッケージ法で，これの信頼度は耐湿性と大きく関係する．表 5.4 にパッケージの耐湿性試験の条件例を示す．試験には放置とバイアス印加の 2 種類があり，デバイスの種類や目

表 5.4　主な耐湿性評価試験方法

	試験項目		条件の一例
放置試験	高温高湿保存試験		85 ℃/85 % RH 60 ℃/90 % RH
放置試験	プレッシャークッカー試験	飽和型	121 ℃/100 % RH　2.0気圧
放置試験	プレッシャークッカー試験	非飽和型	120 ℃/85 % RH 130 ℃/85 % RH
バイアス印加	高温多湿バイアス試験		85 ℃/85 % RH + バイアス印加
バイアス印加	プレッシャークッカーバイアス		130 ℃/85 % RH + バイアス印加
バイアス印加	プレッシャークッカー試験と高温高湿バイアス寿命試験との組み合わせ試験		121 ℃ 2 気圧（20時間） ⇒高温高湿バイアス（20時間） を 1 サイクルとする

的とする故障メカニズムによって使い分けられている．**耐湿性試験**では過剰加速や試験の実施方法によって，実使用と異なる故障が生じることがある．特に飽和型**プレッシャークッカー試験**（一般的に100℃以上の高温，高湿度，高圧力のストレスを短時間に集中的に加えることで，耐湿性を短期間で評価する試験）では結露によって別の故障が観測される場合があるので注意する必要がある．

3）電　圧

電圧で加速される故障は，酸化膜破壊，ホットキャリア，耐湿性によるAl腐食，可動イオンなどが起因するが，もっとも顕著な故障が5.6節で述べる酸化膜経時破壊（TDDB : time dependent dielectric breakdown）である．

酸化膜に一定の電界を印加すると，酸化膜にかかる電界が破壊電界より低い値であっても時間経過と共に破壊が発生する現象である．この故障における故障時間 T_F は次式で表せる．

$$T_F = A\exp(-B\cdot V) \tag{5.20}$$

ここで，T_F は故障時間，V は酸化膜にかかる電圧，A は定数，B は**電圧加速係数**（酸化膜に依存する定数）である．

電圧条件 V_1，V_2 での故障時間をそれぞれ TF_1，TF_2 とすれば，加速率 A_F は $TF_2/TF_1 = \exp\{-B(V_2 - V_1)\}$ となる．

4）温度差

デバイスに温度変化を与えて耐温性を観測するのが温度サイクル試験である．試験条件は一般的にはデバイスの上，下限保存温度に設定するが，加速性を高めるために保存温度以上で行うことがある．しかし，デバイス材料の物性値とは異なる領域での試験なので，加速性が得られない場合が多々ある．温度サイクル試験でのサイクル寿命と温度差の関係は次式で与えられる．

$$\ln N_{cy} = A + \alpha_{cy}\ln\Delta T \tag{5.21}$$

ここで A は定数，α_{cy} は加速係数，N_{cy} はサイクル数である．加速係数 α_{cy} から実使用時の寿命を推定することができる．

5）電　流

電流による劣化としては5.4節で述べるエレクトロマイグレーションが最もよく知られており，ICの微細化と大規模化にともない，重要な故障メカニズムになっている．配線材料であるAlやCu原子が伝導電子からのエネルギーの授受によって移動する現象で，最悪の場合，断線する．エレクトロマイグレーションによる寿命は**メジアン故障時間**（**MTF**: median time to failure）で推定され，次式で表される．

$$\mathrm{MTF} = AJ^{-n_j}\exp\left(\frac{E_a}{kT}\right) \tag{5.22}$$

ここで，Jは電流密度，n_jは電流に関する定数，E_aは活性化エネルギー，Tは絶対温度，kはボルツマン定数，Aは配線の材質，構造，寸法などに関係する定数である．

J，n_j，E_aがわかればMTFを推定することができる．

5.3 静電破壊

5.3.1 種類と試験方法

2.3.2項で述べたように，MOSFETの入力インピーダンスは大きいので，**静電破壊**（**ESD**: electric static discharge）によるゲート酸化膜の絶縁破壊が重大な問題である．物質が正，負に帯電する量は温度や湿度に依存し，一般的には温度や湿度の上昇とともに帯電量は減少する．特に，ESDは湿度の影響が大きく，相対湿度が50％以下ではESDによる破壊が急増する．

ESDは，電荷が帯電する場所や対象の違いで三つのモデルがある（図5.13）．

① **人体モデル**（**HBM**：human body model）：人体に帯電した電荷がICに放電するモデル．

② **マシンモデル**（**MM**：machine model）：金属機器とICが接触した時に放電するモデル．

③ **デバイス帯電モデル**（**CDM**：charged device model）：IC端子（リード）

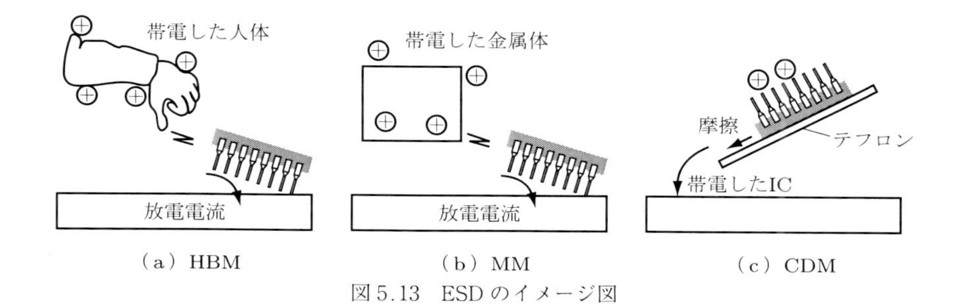

（a）HBM （b）MM （c）CDM

図5.13 ESDのイメージ図

が機器や治具に触れた時（接地された瞬間）に放電するモデル．

CDMは高速放電をともなうために，MOSICにとって最も驚異であり，次の三つの現象に分類できる．

① ICチップ近傍の静電荷で発生した電界による誘導帯電現象

ICパッケージ表面の摩擦，帯電しているCRT（モニター）と絶縁物との接近で発生した静電荷が電界を形成し，IC内部導体に動電荷を誘導する．

② IC端子（リード）が帯電した導体に接触した時，ICの内部導体とGND間の静電容量が充電される現象

代表例は，帯電した人体がIC端子に触った時で，導体抵抗の放電時定数が大きいのでICは破壊されない．

③帯電した**絶縁体**表面からIC端子に放電する現象

放電した瞬間にICが破壊されることがある．放電での破壊がない場合も，帯電後に破壊される．

CDMの試験法には，**パッケージ帯電法**と**誘導デバイス帯電法**の2種類がある．それぞれの試験方法を図5.14に示す．パッケージ帯電法が，ICを帯電させた状態で，放電棒とリードを接触して放電させるのに対して，誘導デバイス帯電法は，ICを高圧電源で帯電させた後に，リレーで放電棒に切り替えて放電させる．テスターやカーブトレーサで放電後のICの故障状態を測定することは両方法とも同じである．

HBMでは最大2A，CDMやMMではそれ以上の電流が発生する．このように，ESDで発生する電流は通常の動作電流と比較して非常に大きいので，

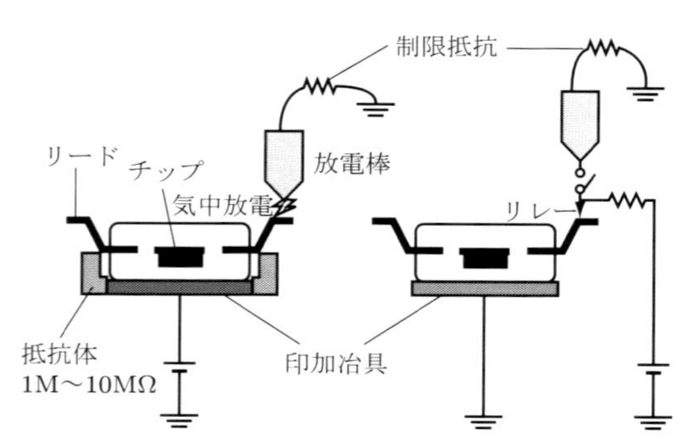

（a）パッケージ帯電法　（b）誘導デバイス帯電法

図5.14　デバイス帯電モデル（CDM）の試験方法

ICに直接，間接的な損傷を与える．直接的にはESD時に発生する電力でICの特定部分が溶融し，間接的には電流経路となる線形，非線形抵抗領域で電圧降下が生じる．逆バイアス印加状態で動作中のpn接合に発生した大きな電圧は，酸化膜にキャリアを注入して，酸化膜を破壊する場合がある．

ESDを原因とする電流誘起にもとづく損傷は薄膜の溶断やpn接合の破壊で，図5.15に破壊された箇所の顕微鏡写真とその電流，電圧特性を示す．過電流でモールド樹脂が焼きつき，逆方向の漏れ（リーク）電流も増加している（図5.15（a））．一方，図5.16は電圧誘起の損傷例である．5.7節で述べるホットキャリア注入によって多結晶（ポリ：poly）シリコン（Si）抵抗のコンタクト部分で酸化膜が破壊している．

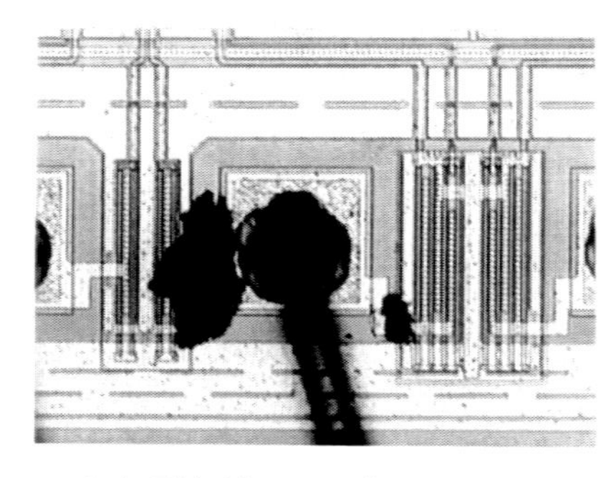

（a）電流誘起による破壊箇所の様子

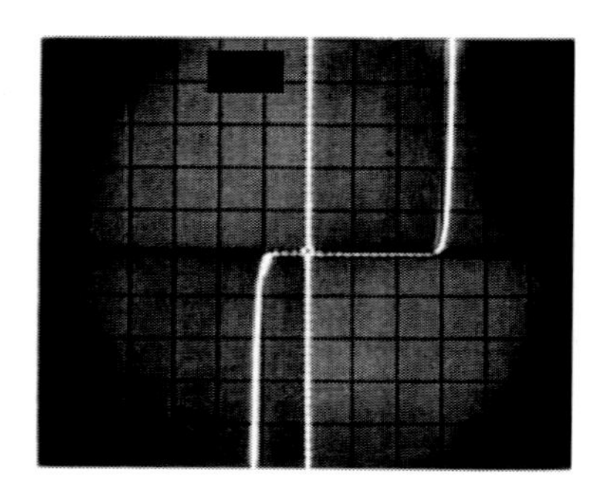

（b）端子の電流電圧特性

図5.15　電流誘起による損傷例

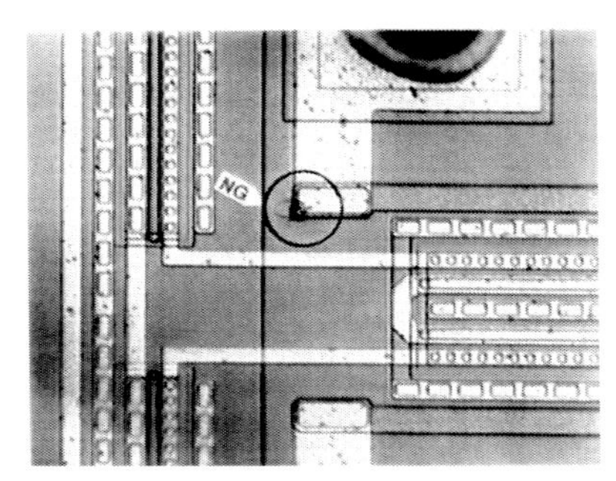

図 5.16 電圧誘起による損傷例（NG で示された円中部分）

5.3.2 対 策

ESD の対策として入力バッファ回路を保護するためには，ゲート酸化膜に印加する電圧を破壊電圧以下に保ちながら，注入電荷量を破壊電荷量以下に抑えることができる保護素子を回路中に挿入することが必要である．また，出力バッファ回路も ESD によって，回路自体に過大電流が流れて損傷するので，誘起電流（電圧）を短期間に GND に放電させなければならない．

つづいて，保護素子として主に使用される n-MOSFET と**定電圧ダイオード**とも呼ばれ，降伏電圧が定電圧特性を持つことを利用した**ツェナダイオード**，およびフィールドトランジスタについて説明する．

1）n-MOSFET

図 5.17 に示すように，正の ESD（電圧）がドレイン電極に印加されると，ドレイン電圧は n^+p 接合（n^+ ドレイン領域と p 形 Si 基板）のアバランシェ降伏電圧まで増加する．このアバランシェ降伏電圧とは，ダイオードに逆方向バイアスを与えたとき，価電子の電離による逆方向電流が急激に流れるアバランシェ降伏が発生する電圧である．つぎに，5.7 節で述べるインパクトイオン化で生じた正孔が基板に流れて基板電圧が上昇し，基板-ソース間接合が順方向にバイアスされる．その結果として 電流が急増する**スナップバック**と**2 次降伏**が発生し，この 2 次降伏を引き金とする熱暴走で MOSFET が破壊される．

ドレイン電流が均一な時は，チャンネル幅を拡げることで ESD 耐性を向上

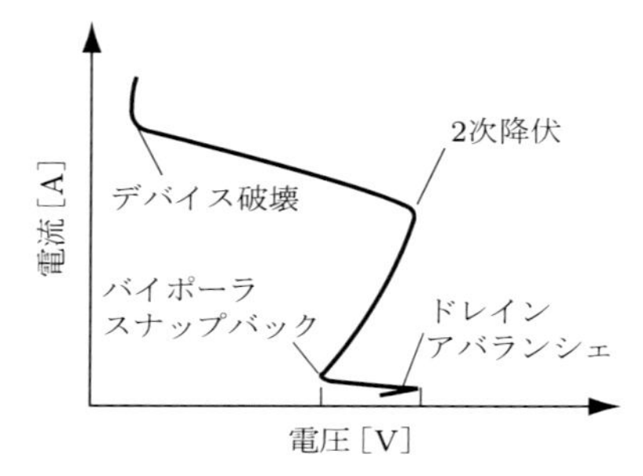

図5.17　n-MOSFET特性のESDによる損傷

できるが，不均一の場合は，その効果が少ないので電極のレイアウトが重要となる．ドレインとゲート電極間の**拡散抵抗**を大きくすることは，電流の均一化には効果的であるが，消費電力が大きくなってESD耐性は逆に低下することになる．そこで，ドレインとゲート電極間の距離は短くして，低消費電力とESD耐性も同時に満足させなければならない．

2）フィールドトランジスタ

フィールドトランジスタは，薄いゲート酸化膜を厚いフィールド酸化膜に置き換えたトランジスタのことで，破壊電圧は30V程度と大きい．このトランジスタはチャンネル長が空乏層領域より長く，チャネル領域の空乏層が繋がるパンチスルーが発生しない特徴を持つ．しかし，保護素子として最大限の機能を果たすには，トランジスタのレイアウトが重要で，図5.18にレイアウトと

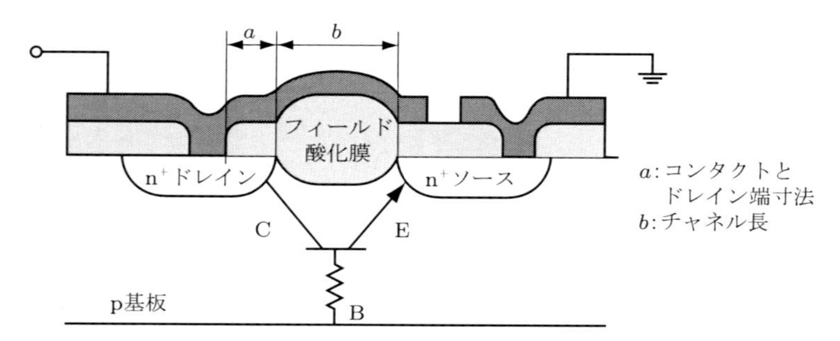

図5.18　フィールドトランジスタのパターン設計パラメータと断面構造図

断面図例を示す．

逆バイアス印加時は，pn 接合で発生した熱がコンタクト電極まで伝導して電極を溶融するので，コンタクトとドレイン拡散端の寸法 a は十分に大きくする必要があり，通常は 6〜8μm と設定する．デバイス幅も，局所的な熱発生を抑えるために大きい方が有効であるが，ボンディングパッド近辺の許容面積や入力容量の制約から約 150μm 程度が一般的である．また，チャネル長 b（ESD 印加時に動作するラテラル npn トランジスタの寸法）は，デザインルール上では最小値に設計することで速いターンオンが実現できる．一方，拡散領域端の形状を緩やかにして，コンタクト間の距離を均一にすることも ESD 対策としては重要である．

3）抵　抗

入力／出力バッファ回路から ESD 保護素子を緩衝するために p-ウェル（well：井戸）内に形成された抵抗で，比較的高い破壊電圧（約 25V）が実現できる．

これまで述べた保護素子の挿入によって 6kV 程度の ESD 耐性が実現できる．しかし，より強固に回路を保護するために，第 2 の保護方法が採用されている．この方法は保護素子が駆動する前に，ESD の影響を防ぐものである．図 5.19 はその保護回路例で，拡散抵抗とフィールドトランジスタ，および平行な**フィールドプレートダイオード**から構成されている．

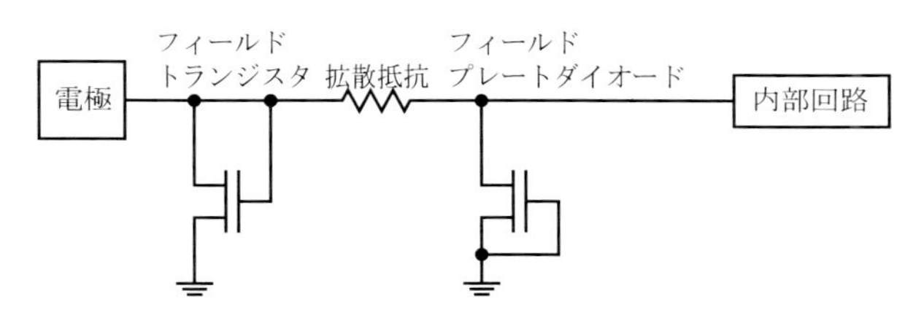

図 5.19 第 2 の保護回路例

正の ESD 電圧が印加されると，フィールドプレートダイオード内のラテラル npn トランジスタが高速に駆動して内部回路の電圧を酸化膜破壊電圧以下に保持する．拡散抵抗はフィールドプレートダイオードの電流制限用で 100Ω 程度である．フィールドプレートダイオードは ESD の影響を最初に受けるので，フィールドトランジスタと同様にそのパターン設計が重要である．ドレイン電極からソース電極に短時間に放電させるために，最短のチャネル長が有効であるが，広いチャネル幅が ESD の大電流対策に効果的であることも考慮して，チャネル幅／長さの比は 10 以上とするのが適正である．

5.4 エレクトロマイグレーション

5.4.1 物理モデル

配線材料である Al や Cu 原子は，伝導電子との弾性衝突によって運動量が授受されて電子と同じ方向に移動する．原子の移動後に残った孔，**ボイド**（void）が電流密度を増加させ，それによる**ジュール熱**の発生でボイドがさらに大きくなり最終的には断線する（図 5.20）．また，金属原子が堆積した**ヒロック**（hillock）近傍では短絡しやすくなる．このような現象を**エレクトロマイグレーション**（electro migration）と呼び，IC における配線の微細化，大電流密度化で大きく問題視されている．

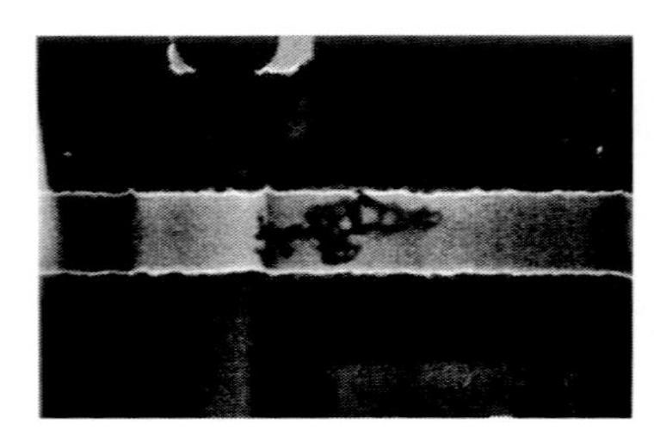
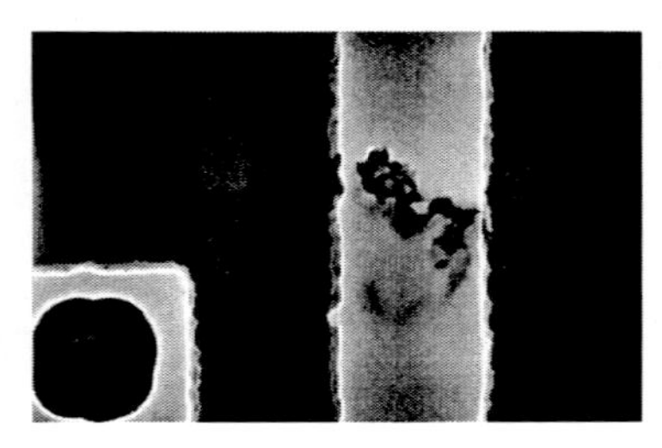

図 5.20　エレクトロマイグレーションによる断線の様子写真

金属原子は結晶内で規則的に整列し，電流が流れると 2 種類の力（電界から受ける力 F_E，電子との衝突により受ける力 F_e）が作用する（図 5.21 (a)）．図 (b) のように金属イオンはエネルギーポテンシャル内で熱振動し（A イオン），ある一定以上のエネルギーを持つ原子（B イオン）だけが自由に動ける．原子が移動できる確率は，温度が高いほど，ポテンシャルの谷の深さが浅いほ

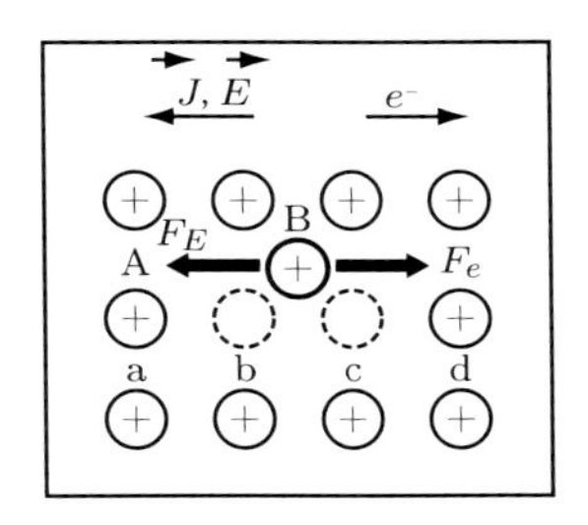

（a）実空間での模式

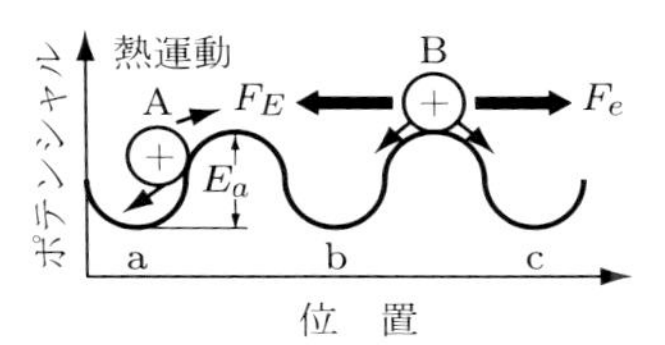

（b）ポテンシャルを考慮した運動の様子

J:電流密度 E:電界 e:電子
F_E:電界から受ける力
F_e:電子との衝突により受ける力
E_a:活性化エネルギ

図5.21 エレクトロマイグレーションのモデル

ど大きい．このエネルギーポテンシャルの深さを**活性化エネルギー** E_a と呼び，Al 原子では 1.48eV である．

Bイオンは，他のイオンが存在しない格子点b，c（空格子点または原子空孔）には自由に移動するが，既に金属イオンが存在する格子点a，dには移動できない．Al や Cu 原子では，F_e が F_E より大きいので金属イオンBは格子点cに移り，つづいて金属イオンAが格子点bに動いて電子と同方向に移動することが可能である．

エレクトロマイグレーションによる配線の故障（断線）寿命（MTF：メジアン故障時間）は式(5.22)で与えられる．原子の移動率は，衝突による運動量 $q\varepsilon/v$（$= q\rho J/v$，v：ドリフト速度）と衝突可能な電子数 N（$= J/q$）の積，衝突断面積および活性化した原子イオン密度の三つのファクターに比例する．いま，**ドリフト速度**と原子の移動率が MTF の逆数に比例するとすれば，$\mathrm{MTF} \propto J^{-2}$ の関係となる．

Al の場合，配線の熱勾配を無視すれば $n = 1$，考慮すれば $n = 3$ となる．エレクトロマイグレーションで発生する配線長当たりのボイドやヒロック数は電流密度に比例し，係数 A もボイド数とその発生率との積なので，$n = 2$ となる．通常の Al 配線が 0.1％断線する MTF の目標値は 10 年とされている．

式(5.22)のパラメータ A は配線の形状（$A \fallingdotseq w/t$，w：配線幅，t：配線厚）に依存する．w/t が小さくなると MTF はバンブー効果で増加するので，w/t は 2〜4 に設定されている．また，結晶粒界（グレイン）サイズが大きいと，

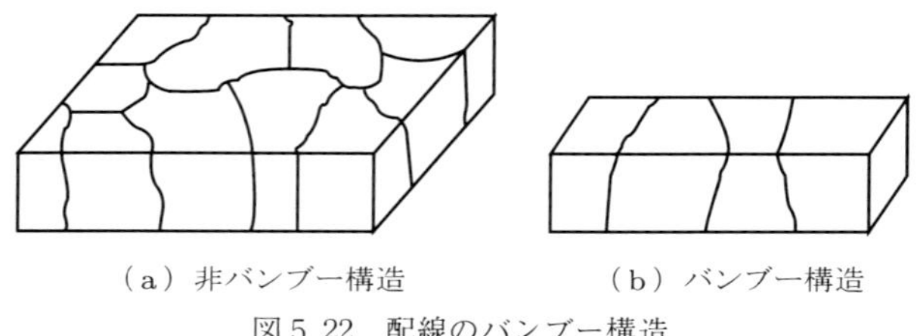

（a）非バンブー構造　　（b）バンブー構造

図5.22　配線のバンブー構造

配線の長さ方向のボイドが減少してMTFも長くなる．図5.22に一つの結晶粒界が配線を横断する**非バンブー構造**と**バンブー構造**のイメージ図を示す．

5.4.2 AlとCu配線のエレクトロマイグレーション

CuはAlに比べて融点が高く，比抵抗も2/3なので，2/3の膜厚でAlと同じ抵抗値が得られる．また，Cuは，エレクトロマイグレーションや4.5節で述べるストレスマイグレーションに対する耐性を持っている．CuはAlに比べて二桁程度寿命が長い．

Alのエレクトロマイグレーションは粒界拡散で，その活性化エネルギーは0.6eV程度であるが，Cuは界面と粒界の二つの拡散経路を持ち，活性化エネルギーは0.3~1.2eVである．しかし，CuもAlと同様に粒界の状態を顕著に受けて，1μm以下の線幅ではバンブー構造を持ち，粒界に沿ってボイドやヒロックが発生する．

5.4.3 ヴィアのエレクトロマイグレーション

多層配線における層間接続用に絶縁膜に開ける接続孔を**ヴィア**（via）という．ヴィア部分のエレクトロマイグレーションも大きな問題である．ヴィアを通して一つの配線層が他の配線層と接続されているので，電流がヴィア周辺に集中する．このため，Al-AlやAl-バリアメタル-Al構造では界面剥離が生じやすい（図5.23）．このように界面剥離は，多層配線のMTFを決定する要因の一つであり，配線材料の膜質や形状を明確にするとともに，回路設計段階における配線パターンの工夫が必要である．

Cuでもヴィアが付いている多層配線の方が単層配線に比べて短時間で故障

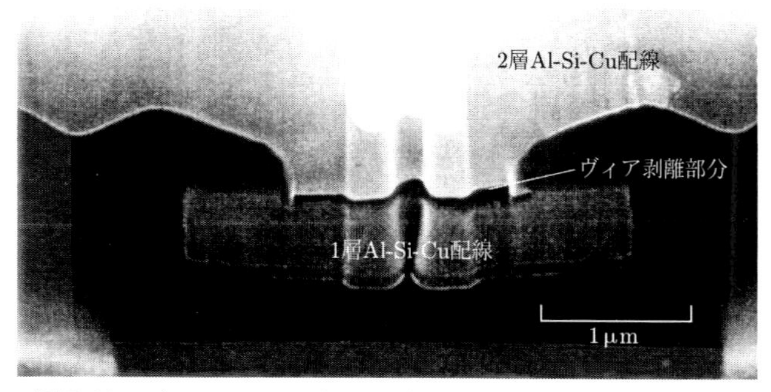

図 5.23 ヴィアのエレクトロマイグレーションによる界面剥離

（抵抗率の変化）が発生する．ヴィア付き多層配線における断線箇所は，ヴィア底部の**バリアメタル**と下層 Cu 上部との界面領域のボイドである．ヴィアが原因となる断線の活性化エネルギーは，信頼度が 95 % では約 0.9eV となり，Cu の単層配線の活性化エネルギーとほぼ等しい．

Cu の**デュアルダマシン**構造では，ヴィア下部の**ライナー**（TaN + Ta）層の膜厚が MTF に大きく影響し，薄い方の MTF が他より一桁程度長い．

5.4.4 ドリフト現象

電界によってイオン化した Cu は陽極から酸化膜に入り，その後膜中をドリフト（移動）して漏れ（リーク）電流の増加や絶縁破壊を引き起こす．通常の Cu 配線ではバリアメタルや SiN 膜などで覆われているために，この Cu 拡散を防止することができる．バリアメタルの膜厚が 10〜50nm では，断線の電界依存性はほぼ同じだが，バリアメタルが無い場合は短時間の通電でも断線する．しかし，バリアメタルを使っても，4.7 節で述べた CMP による層間膜表面の損傷で Cu がドリフトする．この種のドリフトは，使用するスラリーの最適化や NH_3 **プラズマ処理**によって低減することができる．

また，層間膜材料に低誘電率膜（**Low-*k***）を使用する場合も Cu のドリフト電流の影響を考慮する必要がある．Low-*k* 膜では，*k* 値が小さくなるほど配線寿命は短くなる．

これまで述べてきたエレクトロマイグレーションについて，これを促進させる要因を工程ごとにまとめたのが表 5.5 である．

表 5.5　エレクトロマイグレーションの促進要因

要　因	加速原因
設　計	配線の電流密度 IC チップ内の温度勾配
製　造	配線の粒界サイズ
環　境	周囲温度 負荷（電圧，電流）

5.4.5 対　策

Al のエレクトロマイグレーション対策としては，

① **結晶粒径**を大きくし，拡散経路となる粒界を減らす（バンブー構造）.

② Cu，Ti などの元素を配線に添加して，粒界における空孔の減少と化合物の析出による粒界拡散を抑制する.

③ 配線の下地構造の平坦化と，段差部におけるステップカバレッジの改善を図り，電流の不均一性と電流密度の増加を抑制する.

④ カバー膜の構造と形状を適正化し，同時に，カバー膜の強度と配線との密着性を向上させて，ヒロックの成長を抑制する.

などがある.

ヴィアによる断線を抑制するには，

① 段差部付近でのヴィアの回避

② 複数ヴィアの作製

③ ヴィア径を拡大して電流密度の減少

が提案されている．一方，Cu 配線に関しては，詳細な断線原因が解明されておらず，今後の研究が必要である.

例題　下表のエレクトロマイグレーション試験条件で 50％の故障寿命が得られた．$T_{eff} = 150℃$，電流密度 $5 \times 10^9\,\mathrm{A/m^2}$ において，50％の故障寿命を推定せよ.

配線温度 T_{eff}［℃］	4×10^{10} A/m^2	5×10^{10} A/m^2
315		2.6 hr
300	11.1 hr	
260		27 hr

解答 まず，配線温度 533 K（260℃）と 588 K（315℃）におけるデータから活性化エネルギーは $E_a = 1.15$ eV を得る．続いて，式(5.22) を利用して，電流と寿命時間の連立方程式を解いて，未知数である A と n を求める．最後に，式(5.22) に $T = 423$K と $J = 5 \times 10^9$ A/m^2 を代入することから寿命は 1.16×10^8 時間と計算することができる．

5.5 ストレスマイグレーション

5.5.1 物理モデル

エレクトロマイグレーションと異なり，電流が流れない状態でも高温放置や温度差によって Al が断線する．これは膜厚が 3μm 以下の Al 配線で多発し，熱処理や機械応力に関係することから（サーマル）**ストレスマイグレーション**（thermal stress migration）と呼ばれている．ストレスマイグレーションは，

① 成膜後の製造プロセスで 400℃以上の熱処理後，その冷却過程の初期に生じるモードを高温短期モード

② 200℃前後の高温動作，保存中に**くさび状ボイド**や**スリット状ボイド**が発生する低温長期モード

の 2 種類がある．

表 5.6 にエレクトロマイグレーションとストレスマイグレーションの比較を示す．また，図 5.24 からわかるように，エレクトロマイグレーションと異なり，ストレスマイグレーションでは切り口が鋭く，逆にヒロックは発生しない．

金属薄膜の応力 σ_f は，**熱応力** σ_{therm} と膜自体の**真性応力** σ_i の和である．温度以外の結晶歪みが起因する σ_i は，材料や製造プロセスに大きく依存する．

表5.6　エレクトロマイグレーションとストレスマイグレーションの比較

マイグレーション	電　流	断線形状
エレクトロマイグレーション	あ　り	粒界に沿って
ストレスマイグレーション	な　し	スリット状 粒界に沿って

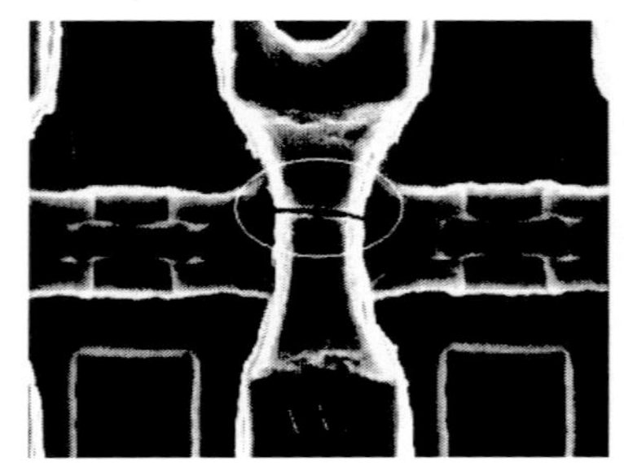
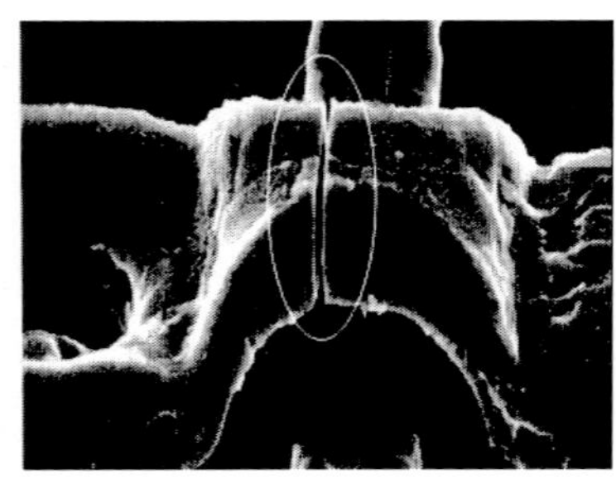

図5.24　ストレスマイグレーションによる断線例（楕円の部分）

$$\sigma_f = \sigma_{therm} + \sigma_i \tag{5.23}$$

また，σ_{therm} は二つ以上の異種材料で構成されるとき，それらの**熱膨張係数**の差（表5.7）で発生し，次式で表される．

$$\sigma_{therm} = \frac{E}{1 - V}\int_{T_1}^{T_2} (\alpha_a - \alpha_b)\, dt \tag{5.24}$$

ここで，E は**ヤング率**，ν は**ポアソン比**，T_1 は初期温度，T_2 は試験温度，α_a は基板の熱膨張率，α_b は薄膜の熱膨張率である．

表5.7　各種材料の物理定数

材　料	熱膨張率［ppm/℃］	ヤング率（GP）
Si	2.3	131.0
Al-Si	23.5	70.3
SiN	2.2	89.6
SiO_2	0.5	79.9

材料の構成によっては，熱が金属薄膜に引張り応力を加えて，配線が**塑性変形**（元の状態に戻らない永久変形）する場合がある．これは**クリープ現象**と呼ばれ，弾性領域で高温に放置した場合，時間経過とともに歪みが増加して材料が変形する現象である．

純度が99.996％のAlにおいて，降伏点が12.7GPa，引張り強さが48.1 GPaの場合の歪みε_fと応力σ_fとの関係を図5.25に示す．σ_fは外力に対抗して材料内部に発生する外力（逆向きの力），ε_fは外力印加で生じる伸びや縮みを元の長さで割った値である．

弾性領域（図のA領域まで）では，次式の**フックの法則**が成り立つ．

$$\sigma_f = \varepsilon_f \cdot E_f \tag{5.25}$$

ここで，E_fはヤング率である．

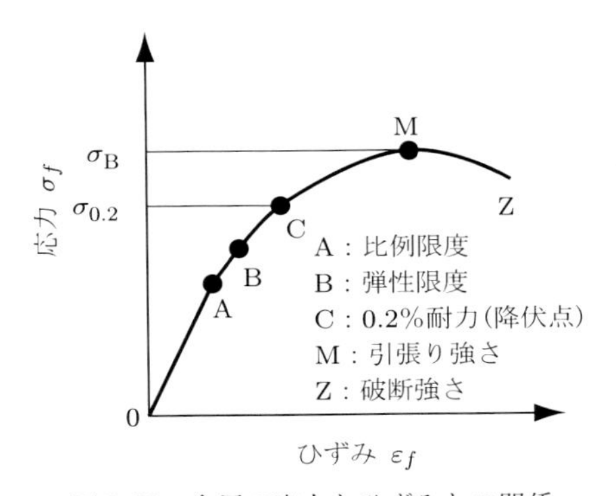

図5.25 金属の応力とひずみとの関係

A～C領域ではフックの法則から外れる．CMZ領域では応力は増加しないが，ひずみが急増し，Z点で破断する．塑性変形はB点から発生し，B点を弾性限界，M点を引張り強さとそれぞれ呼ぶ．金属では次の五つの塑性変形がある．

① 応力が理論的な材料強度を越える変形．

② 転位のすべりによる変形．

③ 転位クリープ現象による変形．

④ 格子拡散クリープ現象による変形．

⑤ 粒界拡散クリープ現象による変形．

ストレスマイグレーションは，③，④，⑤のクリープ現象が起因する．

5.5.2 AlとCu配線のストレスマイグレーション

表5.7からわかるように，Alはシリコン酸化膜やSiよりも熱膨張係数が大きいので，低温では引張り応力を受ける．原子の拡散は，温度上昇で増加するが，熱応力は温度の低下とともに増加する．それで，ストレスマイグレーションによるボイド発生の確率は，中程度の温度で最大値を持つことが予想される．ストレスマイグレーションによるクリープ発生のモデルは，次式のようになる．

$$R_{cr}=C\,(T_0-T)^{N_{cr}}\exp\left(\frac{-E_a}{kT}\right) \tag{5.26}$$

ここで，R_{cr}はクリープ率，T_0は配線金属の応力緩和温度（熱応力が引張りから圧縮に変わる温度で成膜温度），Tは温度，N_{cr}はクリープ指数，E_aは活性化エネルギー，kはボルツマン定数，Cは比例定数である．

この式で，$(T_0-T)^{N_{cr}}$は低温ほど大きくなる応力，$\exp(-E_a/kT)$は熱拡散にそれぞれ関係している．このため，中間温度（170℃近辺）でクリープ率が最大値を持つようになる．

一方，ストレスマイグレーションによるボイド発生は配線幅が小さく，配線膜厚が薄くなるとともに増加する．ボイド発生が配線幅に依存するのは，線幅が小さいほど，塑性変形の余裕が少ないためである．

ストレスマイグレーションによって発生するヴィアのボイドは，ヴィア底部とヴィア内部のボイドがある．ヴィア底部のボイドは，幅の広い配線中で過飽和となった原子空孔が起因している．これに対してヴィア内部にあるボイドは，4.7節で述べたダマシン工程におけるCu配線の形成後の熱工程，特に降温時にCu，バリアメタル，層間絶縁膜での熱膨張係数の差で生じるヴィア内の引張り応力が主に関係している．

Cuのストレスマイグレーションによるクリープ発生の温度依存性は，Alと同様に，式(5.26）から推定できる．保護膜がlow-k材料であるFSG（fluorinated silicate glass）とSi窒化膜で構成され，線幅が130nmであるCu配線の高温保存試験を行った結果，クリープ発生率の最大温度が190℃で，中間温度で最大値を持つことがわかっている．

Cu のストレスマイグレーションも，Al と同様にレイアウト依存性を持ち，ヴィア径が小さく，配線幅が広く，配線長が長いほど断線の発生確率が増加する．

5.5.3 対　策

Al と Cu 配線のストレスマイグレーションによる断線の対策は次の通りである．

1） Al 配線

高温短期モードと低温長期モードに分けて対策を記述する．

① 高温短期モード

・製造プロセスの低温化と高速冷却で金属原子の熱拡散を抑制する．

・圧縮応力が小さい材質，構造の層間絶縁膜やカバー膜を使用し，配線への引張り応力を低減する．

・応力の集中が少ない配線や下地形状を採用する．

② 低温長期モード

・ 銅などの元素を添加し，粒界拡散を抑制する．

・ 高融点導電膜などの積層配線を用いて冗長性を持たせる．

である．

2） Cu 配線

製造プロセスとレイアウト上の対策として次の 2 種類がある．

製造プロセス上の対策としては，

・ めっきの条件やその後の熱処理温度の最適化で，配線中の Cu 原子の空孔数を低減する．

・ 粒界成長を熱処理で制御して，Cu 表面の原子空孔を消滅する．また，CMP で除去可能な領域に Cu 原子空孔を集中させ，配線中の空孔の残数を減少する．

ヴィア直下のボイド発生の抑制には，

・ Ti/TaN/Ta の積層構造で，下層 Cu とヴィア底を Ti と接触させて，密着性を向上させる.

・　ヴィアでの局所的な応力を抑制するため，ヴィア作製の熱処理温度を低温化させる.

レイアウト上の対策として，

・　ヴィア-配線間の応力差を緩和するために，配線中にスリット，メッシュ状の層間膜を設ける.

・　マルチヴィア構造を採用し，隣接したヴィアの片方のヴィア直下にボイドを成長させて，Cu 応力を緩和する.

しかし，Cu 配線のストレスマイグレーションはそのメカニズムの未解明部分が多く，現在も研究が進んでいる.

5.6　酸化膜経時破壊

5.6.1 物理モデル

5.3 節で述べたように，MOSFET のゲート酸化膜に電圧を長時間印加すると，シリコン酸化膜（SiO_2）は破壊電圧値よりも低い電圧で破壊する．この酸化膜経時破壊（**TDDB**: time dependent dielectric breakdown）の原因解明と防止対策が，高信頼性 IC の製造には必要不可欠である.

SiO_2 に電圧を印加すると，図 5.26 に示すように破壊電界 E_{BD} より低い電界から電流が流れ始める．さらに電界が大きくなると，電流が急増し，やがて SiO_2 が破壊される．酸化膜本来（真性）の破壊電界は 10MV/cm 以上であるが，5〜6MV/cm 程度で Fowler-Nordheim 形トンネル効果によって電流が流れ始める．この電流は **FN トンネル電流**と呼ばれ，酸化膜の破壊に強く関わっている.

図 5.27 に示す多結晶 Si/SiO_2/Si 系のエネルギーバンド図のように，多結晶 Si と SiO_2 の伝導帯間のエネルギー差，すなわち電子に対するエネルギー障壁は 3.2eV である．したがって，三角形ポテンシャル障壁（図 5.28）の底辺距離が 5nm である SiO_2 にかかる電界値 E_{ox} は，3.2eV/5nm = 6.4MV/cm と

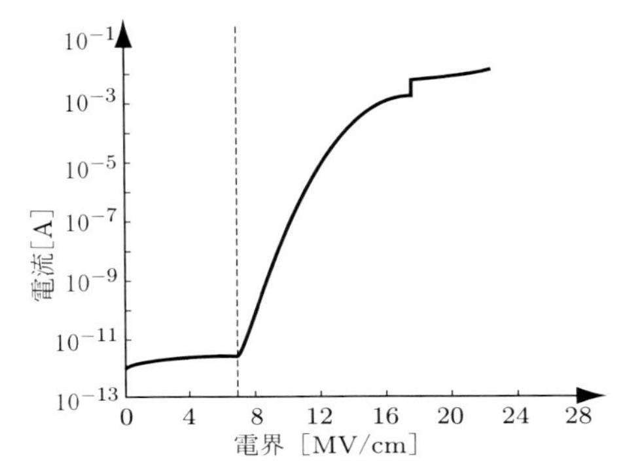

図5.26 酸化膜の電界－電流特性

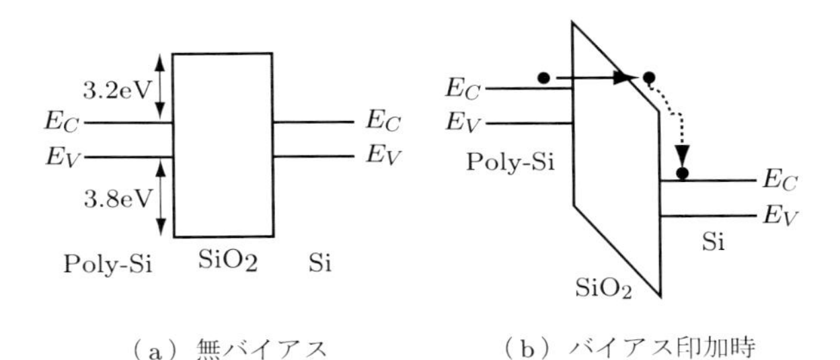

（a）無バイアス　（b）バイアス印加時

図5.27 多結晶Si/SiO_2/Si系のエネルギーバンド図

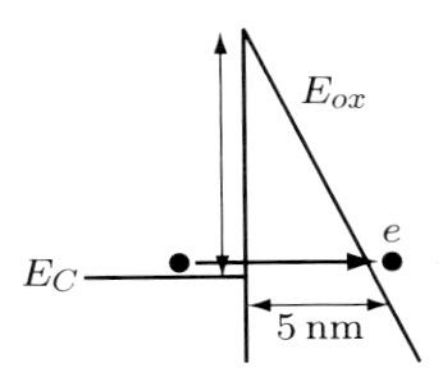

図5.28 三角形障壁とFN注入のイメージ図

計算され，図5.26で示したFNトンネル電流が流れ始める電界値とほぼ一致する．

一方，ホールに対する障壁ギャップは3.8eVと大きいので，FNトンネル電流は電子成分が支配的である．FNトンネル電流は次式で与えられる．

$$J_{FN} = AE_{ox}^2 \exp\left(-\frac{B}{E_{ox}^2}\right) \tag{5.27}$$

ここで，E_{ox} は酸化膜電界，A，B は以下の定数である．

$$A = \frac{q^3 m_n^*}{8\pi m_{ox} \Phi_b} \tag{5.28}$$

$$B = \frac{4\sqrt{2 m_{ox} \Phi_b^3}}{3q\hbar} \tag{5.29}$$

両式における m_{ox} は SiO_2 での電子の有効質量，$\hbar$ はディラック定数，Φ_b は SiO_2 の障壁高さである．

5.6.2 絶縁破壊特性

MOSキャパシタにおける印加電界と絶縁破壊頻度との関係を図5.29に示す．図のように絶縁破壊は酸化膜破壊電界 E_{BD} の大きさで三つの領域に分類することができる．

・Aモード：$E_{BD} < 1\mathrm{MV/cm}$

酸化膜中のピンホールなどの確率的に分布する欠陥に起因した初期的短絡モードで，ICの歩留に影響する．

・Bモード：$1\mathrm{MV/cm} < E_{BD} < 8\mathrm{MV/cm}$

SiO_2 中の電気的に弱い欠陥（weak spot）に起因し，SiO_2 の真性（intrinsic）耐圧より小さい電界で破壊し，出荷後の信頼性に深く関係する．

・Cモード：$E_{BD} > 8\mathrm{MV/cm}$

SiO_2 本来の耐圧で，この耐圧が酸化膜の使用限界である．

つぎに，SiO_2 の絶縁破壊の時間依存性をワイブル分布によって説明する．図5.30に示す累積故障率と試験時間との関係から，絶縁破壊は図5.29で説明したA，B，Cモードに分けられる．

また，TDDBは温度と電界に大きく影響され，故障時間 **TTF**（time to failure）は，温度と電界を変数分離した次の二つの式で与えられる．

$$TTF = A\exp\left(\frac{E_a}{kT}\right)\exp\left(-\gamma_e E_{ox}\right) \tag{5.30}$$

$$TTF = A\exp\left(\frac{E_a}{kT}\right)\exp\left(-\frac{B}{E_{ox}}\right) \tag{5.31}$$

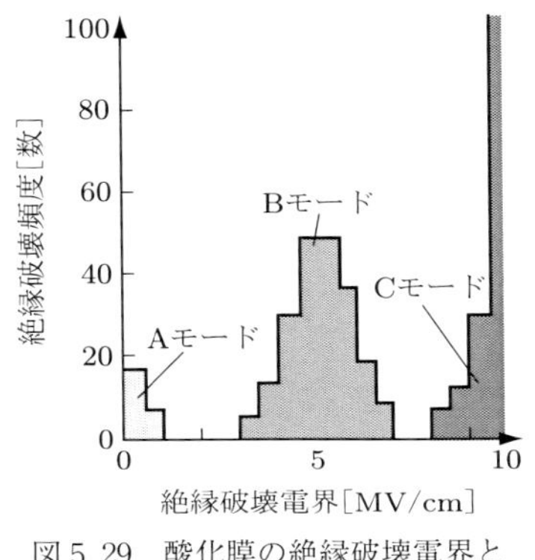

図5.29 酸化膜の絶縁破壊電界と絶縁破壊頻度との関係

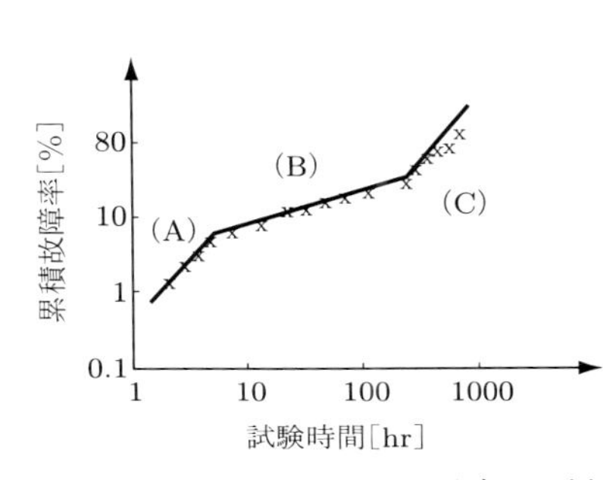

図5.30 TDDBのワイブル分布の一例

ここで，A は定数，γ_e，B は電界加速パラメータである．

極薄の SiO_2 を使用する現在の製造プロセスにおいて，TTF が，$\exp(B/E_{ox})$（$1/E_{ox}$ モデル，B：係数）と $\exp(-\gamma_e E_{ox})$（E_{ox} モデル，γ_e：係数）のどちらで求められるかは大きな研究課題である．高電界 9〜12MV/cm での狭い領域では両式と一致するが，低電界領域では，絶縁破壊までの寿命予測に大きな差が生じることが判明している．

5.6.3 故障原因と対策

TDDB の故障原因としては，図 5.31 にイメージするように，①酸化膜形成周りの影響，②酸化膜形成条件の影響，③バックエンドプロセスの影響の 3 種類がある．

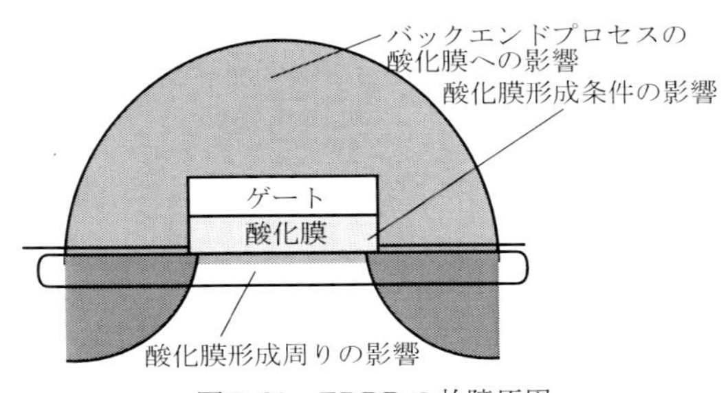

図5.31 TDDBの故障原因

1）酸化膜形成周りの影響

CZ（Czochralski）法で作製された Si ウェーハの代表的な酸化膜欠陥は，**八面体空孔**（octahedral void）と **COP**（crystal originated particle）で，図 5.32 に COP の走査電子顕微鏡写真を示す．

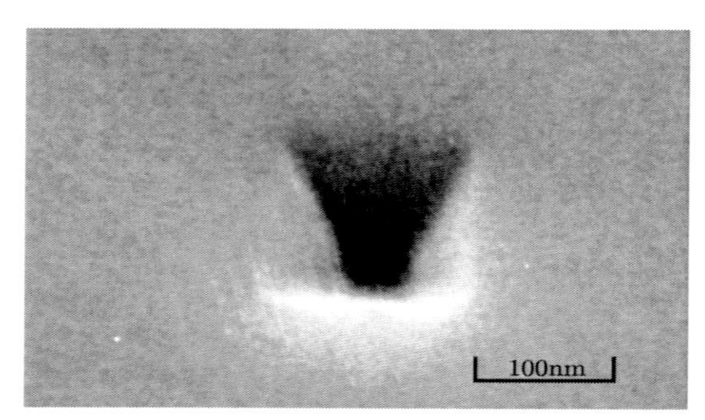

図 5.32　COP の走査電子顕微鏡写真

加工不良で COP を多くふくむ CZ ウェーハでは絶縁破壊が倍増するが，水素熱処理やエピタキシャルウェーハを用いることで破壊による故障率を大幅に低減することができる．

膜厚が 5nm 程度の高品質酸化膜の場合，Si 表面に要求される事項は，①自然酸化膜がない，②活性な不純物がない，③パーティクルがないことである．自然酸化膜の生成は Si 表面の微小平坦性と大きく関係するので，バッファ HF（BHF : NH_4F + HF + H_2）による自然酸化膜の除去と同時に，4.2.2 項の SC-1 洗浄では NH_4OH の割合を（1 : 1 : 5）から（0.05 : 1 : 5）の比率で洗浄を行う必要がある．また，Si 表面を不活性化するためには表面を水素で終端する方法が有効で，RCA 前処理（最終純水洗浄無し：自然酸化膜を付けないため）に続いて希釈 HF，最後にメタノール／HF（最適ディップ時間 30 秒）による洗浄法が採用されている．最近は，RCA 洗浄の代わりに，0.5% HF + 0.1% IPA + 0.1% クロル酢酸溶液による 5 分間の洗浄でも，低い金属汚染で，かつ低いパーティクルで水素終端の Si 表面が形成できることがわかっている．

2）酸化膜形成条件の影響

酸化膜に要求される特性は，①高破壊電界，②低電子捕獲密度，③低リーク電流の三つで，次の要因を考慮すれば，良質な酸化膜が形成できる．

・酸化前のクリーニング．
・ドライ酸化における酸素ガス中の残留水分の除去．
・ゲート酸化前での自然酸化膜の除去．
・プロセス条件の適正化．

現在良く使われているドライ酸化では，酸素ガス中のわずかな水分で酸化速度が変化するために，酸素ガス中の水分の管理は厳重に行う必要がある．酸化膜の密度は酸化温度の減少とともに増加するので，ドライ酸化では低温の方が良質の酸化膜を形成することができる．また，表5.8に示すようにドライ酸化とウェット酸化はお互いに対称的な特徴を持ち，ドライ酸化膜は酸素空孔が発生するために正孔（ホール）捕獲密度が多く，酸化膜耐圧が弱いのに対して，ウェット酸化膜は水素結合が多いために，5.7節で述べるホットキャリア耐性が弱い．

表5.8　ドライ酸化とウェット酸化の膜質の比較

	ドライ酸化	ウエット酸化
長　所	ホットキャリア耐性が高い	TDDB特性が良い
短　所	TDDB特性が劣る	ホットキャリア耐性が低い
備　考	酸素空孔による正孔捕獲密度が多い	水素関連結合が多い

最近，多用され始めている酸窒化（オキシナイトライド：oxynitride）では，弱いSi-H結合を強いSi-N結合に換えるためにNH_3やN_2Oが使われている．この膜は，Si酸化膜中に窒素原子を取り込んで界面にSi_3N_4を形成するので，NH_3の水素が固定電荷や**電子捕獲準位**として働く欠点がある．

一方，酸化と酸窒化を複合させて，より信頼性の高い膜を形成することができる．酸化膜の耐圧は，ドライ酸化のみ ＜ ドライ酸化 + N_2O酸窒化 ＜ ドライ酸化 + NH_3窒化 ＜ ドライ酸化 + NH_3窒化 + N_2O酸窒化　の順に高くな

る．

3）バックエンドプロセスの影響

酸化膜の成膜以後の製造プロセス（**バックエンドプロセス**）で，酸化膜の信頼性に影響を与えるのがプラズマ工程である．プラズマ工程は，4.5節で述べたように異方性エッチング，表面クリーニング，低温成膜などの特徴を持ち，幅広く使用されている．しかし，プラズマエッチングによる酸化膜の損傷が顕著で，損傷は電流誘起損傷とプラズマ照射損傷に大別できる．

電流誘起損傷は，プラズマで生成した電荷の蓄積とプラズマ中の時間変動磁場が誘起した起電力によって発生する電流が起因する損傷である．電荷蓄積に起因するこの損傷は帯電損傷とも呼ばれ，帯電によって薄い酸化膜にFNトンネル電流が発生する．プラズマエッチングと電流印加後のMOSキャパシタのC-V特性が類似することから，プラズマ工程が酸化膜に与える影響の大きさを推測することができる．

プラズマ工程による酸化膜損傷への対策は，不均一プラズマ防止用の装置改造でプラズマの均一性を図ることも有効であるが，製造プロセス自体の改善策は以下の通りである．

① 電気陰性度の高いSF_6ガスを使用しない．

② 多結晶Siエッチング時には，O_2をHBrに添加する．

③ **ECRエッチング**時には，マイクロ波電源の切断前にRF電源を切る．

例題　膜厚8nmの酸化膜において$Ta = 150$℃，10MV/cmの電界を印加したとき，1％故障が2.2×10^4秒で，8MV/cmでは4.2×10^6秒で故障が発生した．Eモデルにおける電界加速係数γ_eを求めよ．また，活性化エネルギーが0.6eVの時，電圧3.3V，$Ta = 100$℃で使用した場合の1％故障が発生する時間を推定せよ．

解答　それぞれの電界に対する寿命時間をExcelにプロットし，指数近似で傾き$\gamma_e = 2.63 \times 10^{-4}$cm/Vを導出する．次に式（5.30）を用いると，$E_a = 0.6$eV，$T = 423$Kなので定数Aは4.15×10^8と求まる．同じく，式（5.30）において，$E_a = 0.6$eV，$T = 373$K，$E_{ox} = 4.125$MV/cmと

して計算すると，寿命は 1.02×10^{12} 秒となる．

5.7 ホットキャリア

5.7.1 物理モデル

ホットキャリア現象とは，デバイス内部の大きな電界からエネルギーを授受されたキャリア（電子，正孔）の一部がゲート酸化膜中に注入される現象で，微細化が進んだゲート長の短いショートチャンネル MOSET のデバイス特性を著しく劣化させる．

熱平衡状態にある電子は，伝導帯の底 E_C よりもわずかに大きなエネルギー E，$E - E_C \fallingdotseq kT$ を持っている．ここで，T は温度，k はボルツマン定数である．非熱平衡状態では，外部電界からエネルギーを授受された電子は伝導に寄与し，そのエネルギーは，$E - E_C = kT_e > kT$ である．この T_e は有効温度で，T_e より高エネルギーを持つ電子や正孔のことを**ホットキャリア**と呼ぶ．

2.3.2 項の動作原理で述べたように，MOSFET のチャネル内の電界は不均一で，ドレイン端で最大値を持つ．特に，飽和領域の動作では，ドレイン端に空乏層（ピンチオフ領域）が形成されて高電界となる．電界が 1×10^5 V/cm 以上になると，高エネルギーを持ったキャリアが，新たに**電子，正孔対**を生成するインパクトイオン化（衝突電離化：impact ionization）現象が生じる．

図 5.33 に n-MOSFET におけるインパクトイオン化とホットキャリアの挙動を示す．

① チャネル領域に注入された電子は，チャネル電界とドレイン近傍（ピンチオフ領域）の高電界でインパクトイオン化を起こすエネルギー（1.6eV 以上）を得て，電子，正孔対を生成する．

② 生成された電子の大部分は，ドレイン領域に吸収されてドレイン電流 I_D となる．

③ ごく一部の熱い電子（hot electron：高いエネルギーを持った電子）は，ゲート酸化膜に突入してゲート電流 I_G となる．

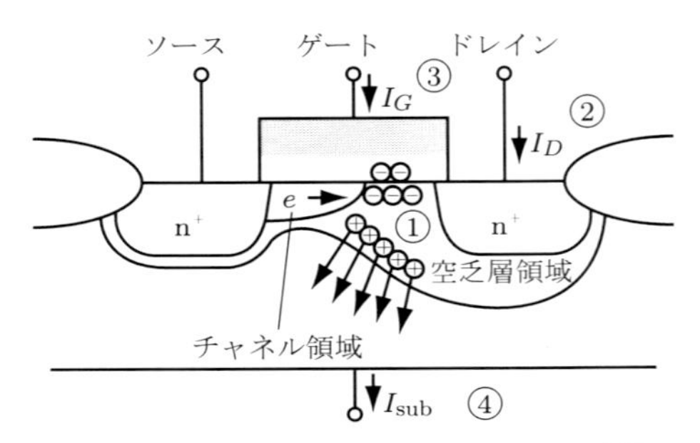

図 5.33　n-MOSFET のホットキャリア現象

④　生成された正孔の大部分は，p 形 Si 基板に吸収されて，基板電流 I_{sub} となる．

5.7.2 デバイス特性の劣化

ホットキャリアで生成された電子，正孔対は，Si/SiO$_2$ 界面の**界面準位**や酸化膜中に捕獲準位を導入し，MOSFET の閾値電圧 V_{th} や相互コンダクタンス g_m を変化させる．V_{th} の変動は主に捕獲準位の正電荷に起因し，g_m の劣化は，

①　捕獲された電子と正孔による散乱．

②　正孔と電子による界面準位の発生とそれによる散乱．

の二つが関係する．

n-MOSFET では，ゲート－ドレイン電圧 V_{DS} が $V_{DS}/2$ の時に，ホットキャリアに起因した特性劣化が最大になる．これは基板電流が最大になる条件と同じで，インパクトイオン化により発生したキャリア数と関係している．ホットキャリアによる n-MOSFET の静特性の劣化例を図 5.34（a）に示すが，界面準位での散乱による移動度の減少でドレイン電流が減少している．一方 p-MOSFET では，ゲート－ドレイン界面近傍の酸化膜における電子の捕獲でドレイン電流が増加する（図 5.34（b））．

n-MOSFET におけるホットキャリアによる特性劣化の程度 Δp は，次式で表せる．

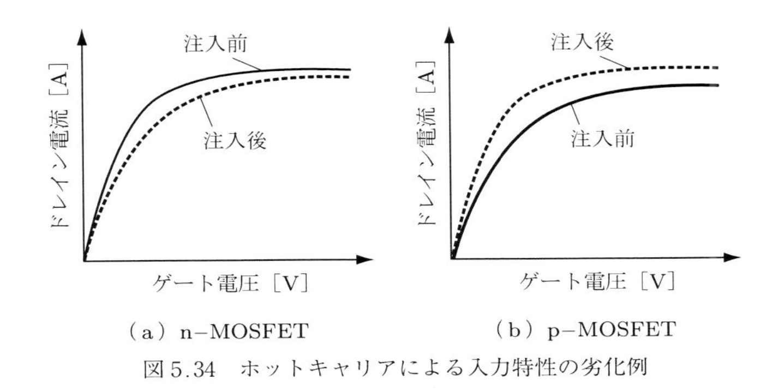

図5.34 ホットキャリアによる入力特性の劣化例

$$\Delta p \fallingdotseq \left\{ \left(\frac{I_D}{W} \right) \left(\frac{I_{sub}}{I_D} \right)^{\Phi_{it}/\Phi_i} \cdot t \right\}^{n_{hc}} \tag{5.32}$$

ここで，Δp は V_{th}，g_m，I_{Dsat}，I_{Dlin} などの変化量，I_{sub} は最大基板電流で，

$$I_{sub} \fallingdotseq 2 I_D \exp\left(- \frac{\phi_i}{q\lambda\varepsilon_m} \right) \tag{5.33}$$

である．式の λ はホットエレクトロンの**平均自由行程**，ε_m は最大電界である．I_D は最大基板電流バイアス条件でのドレイン電流，W はゲート幅，ϕ_{it} は損傷を受ける臨界エネルギー，ϕ_i はインパクト**イオン化エネルギー**，t は時間，n_{hc} は実験的に求めた指数である．

また，ホットキャリア効果による寿命 τ は，

$$\tau \fallingdotseq \left(\frac{I_{sub}}{W} \right)^{-\Phi_{it}/\Phi_i} \tag{5.34}$$

となり，$\phi_{it}/\phi_i \fallingdotseq 3$ である．p-MOSFET では式(4.32) の I_{sub} が I_G に置き換わる．

一方，ΔV_{th} の時間依存性は，基板電流に依存する係数を A とすると，

$$\Delta V_{th}(t) = A t^{n_t} \tag{5.35}$$

となり，n_t は0.5～0.7である．

式(5.32) からわかるように，n-MOSFET のホットキャリアによる劣化は I_{sub} に関係する．したがって，温度上昇とともに，ホットキャリア数やキャリ

アのエネルギーが低下するために I_{sub} が減少するため，ホットキャリアによる劣化が軽減する．また，寿命劣化の活性化エネルギーが温度で異なり，低温では電子捕獲が，高温では界面準位での散乱がそれぞれ支配的となる．

5.7.3 対　策

ホットキャリアに対する対策は，デバイスレベルと回路レベルの二つに分けられる．デバイスレベルの対策としては，デバイス構造と製造プロセスがある．また回路レベルの対策には，回路構成や入力信号のタイミングなどがある．

1）デバイス構造

ホットキャリアの発生を低減するためには，ドレイン領域端とチャネル内電界を減少させる必要がある．また，ホットキャリアの注入を抑制するには，インパクトイオン化が生じる領域を Si-SiO_2 界面から離すことと，ゲート電極内部に注入させることである．ゲート長が 2μm 以下のデザインルールでは，図5.35に示す二重拡散ドレイン（DDD : double diffused drain）と，低ドープドレイン（**LDD**: lightly doped drain）構造を用いて，ドレイン端の電界を低減している．図5.36は，通常の単一ドレイン構造とLDD構造のドレイン領域近傍の横方向電界を比較したものである．LDD構造では，横方向電界が減少し，最大電界位置がゲート酸化膜直下からスペーサ直下に移動していることがわかる．

一方，DDD構造は n^- 接合が深く，ショートチャネル効果が顕著となり，ゲート長が 1.3μm 以下の MOSFET にはLDD構造が主に使用されている．

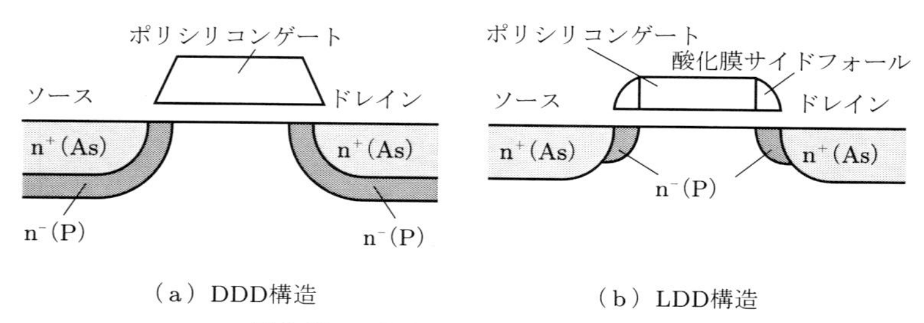

図5.35　n-MOSFETのデバイス構造

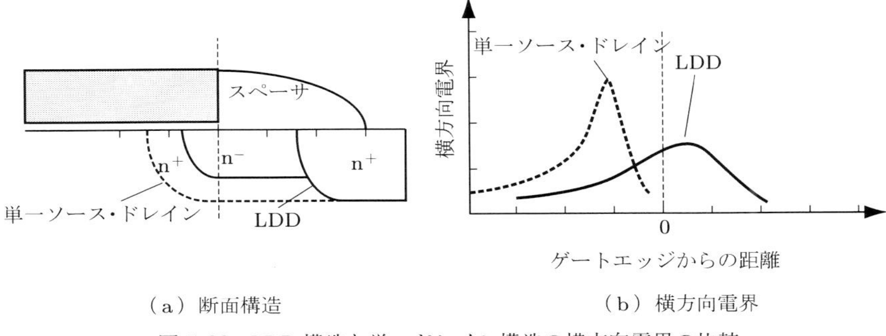

（a）断面構造　　（b）横方向電界

図 5.36　LDD 構造と単一ドレイン構造の横方向電界の比較

2）製造プロセス

製造プロセスでは，酸化膜中の正孔捕獲準位の減少と酸化プロセス中の損傷の低減が必要である．また，ホットキャリア注入による Si-SiO_2 結合の破断を抑制するために，膜中の含有水素量を減少させなければならない．さらに，ゲート長が短いトランジスタでは，**酸化工程**のクリーン化や酸化膜形成後の熱処理温度の管理も注意が必要である．

3）回路構成

通常の使用電源（5V）では，低電圧化，パルス幅をパルス周期で割ったデューティ比，チャネル長の最適化などを考慮する必要がある．しかし，単なる電源の**低電圧化**はスイッチングスピード，他のデバイスとの接続，ノイズ耐性など，他の信頼性に悪影響をおよぼす．また，ゲート長が 0.1μm 以下のディープサブミクロン MOSFET*) では，低電圧でもホットキャリアによる劣化が予測され，それらに対する有効な対策は十分でない．また，CMOS ディジタル回路のホットキャリアによる劣化はスイッチング時に多発し，動作中のスイッチング回数が劣化量を決定する．そこで，動作実行中のスイッチング回数を減らしてホットキャリアの注入を抑制しなければならない．

*）MOSFET のゲート長が 0.8〜0.35μm を「サブミクロン」MOSFET，0.25μm 以下を「ディープサブミクロン」MOSFET と呼ぶ．

4）入力信号のタイミング

“0”から“1”の入力パルスが印加された CMOS インバータの n-MOSFET の特性劣化量は，「チャンネル幅／負荷容量」の比と入力パルスの傾きに依存し，入力の立ち上がり時間が短いほど小さい．入力信号の傾きは前段のプルアップデバイスの電流駆動能力で決定されるため，電流駆動のプルアップトランジスタ（p-MOSFET）の設計が重要である．また，チャネル幅／チャネル長の比はホットキャリア耐性に敏感で，容量負荷を縦列接続した CMOS インバータでは，p-MOSFET の幅を広げるだけでホットキャリア劣化が激減できる．

NOR ゲートの n-MOSFET では，スイッチング時にホットキャリアによる劣化を受けやすい．これに対して，出力端子と GND 間に直列接続した n-MOSFET で構成した CMOS NAND ゲートは，上方の n-MOSFET がホットキャリアに敏感で，NAND を基本としたロジック回路の方が，ホットキャリア耐性が高い．上方の n-MOSFET もチャネル幅の増加や入力信号の相対的なタイミングの調整で，特性劣化を低減することが可能である．

例題　n-MOSFET のホットキャリア試験（ストレス条件：I_{sub}max，V_{DS} = 6V，I_{sub} = 1.2μA/μm，V_{DS} = 6.5V，I_{sub} = 1.8μA/μm，V_{DS} = 7V，I_{sub} = 6.0μA/μm）を実施した結果，各ドレイン-ソース電圧とストレス時間に対してドレイン電流が変化した．ドレイン電流の変化率を 10%として，V_{DS} = 5.5V，I_{sub} = 0.2μA/μm での寿命を推定せよ．

ドレイン-ソース電圧 V_{DS}［V］	1.4 hr	4 hr	10 hr	40 hr
6.0	0.42 %	0.54 %	0.68 %	1.15 %
6.5	0.62 %	0.8 %	1.1 %	1.7 %
7.0	1.1 %	1.6 %	2.3 %	3.0 %

解答　式(5.35) から横軸に時間，縦軸にドレイン電流の変化率を取り，それぞれのドレイン電圧条件で Excel にプロットする．累乗近似でドレイン電流が 10%変化する時間をそれぞれ求める．次に I_{sub} と寿命時間の関

係式（5.34）を利用して，横軸に I_{sub} 縦軸に寿命時間を取り，近似式を用いて $I_{sub} = 0.2\mu A$ における時間 2.06×10^6 秒が求める寿命である．

5.8 負バイアス温度不安定性

5.8.1 物理モデル

負バイアス温度不安定性（**NBTI**: negative bias temperature instability）は，高温状態で負バイアスを印加した p-MOSFET において，ゲート酸化膜中の固定電荷と界面準位が増加し，V_{th} の移動と，I_{DS} の減少が起こる現象である．これは Na などの可動イオンがその原因と考えられ，これまでは酸化炉の洗浄が主な対策として行われてきた．NBTI は n^+ ゲート電極では大きな問題ではなかったが，微細化にともなう酸化膜の薄膜化，ゲート長の縮小化，p^+ ゲート電極の使用によって，ゲート酸化膜内の電界が，n^+ ゲートの埋め込みチャネル内の電界よりも大きくなったために無視することができなくなった．

NBTI による p-MOSFET の界面準位の増加は，**拡散反応モデル**と正イオン伝導モデルで説明されていたが，最近では，トンネル電子の電離衝突モデルも提案されている．

1）拡散反応モデル

酸化膜中の水素（H）と反応して界面準位が生成されるモデルで，成長速度は，Si から解離する（H などの）拡散種のゲート酸化膜拡散速度に律束する．水素熱処理後の $Si-SiO_2$ 界面には，未結合端子（**ダングリングボンド**）が水素終端（Si ≡ Si-H）構造で存在し，この結合から解離した H が，界面準位（Si ≡ Si 構造）を形成する．

2）正イオン伝導モデル

Si ≡ Si-H 結合と正孔との反応で解離した H が，水素イオン H^+ としてゲート酸化膜中を拡散するモデルである．

3）トンネル電子の電離衝突モデル

ゲート酸化膜からSi基板に注入された電子が基板表面で電離衝突を起こして，界面準位を生成するモデルである．

ゲート酸化膜厚が5nm程度のp-MOSFETにおいてドレイン-ソース電極と基板を接地した状態で，ゲート電極に負バイアスを印加した時の基板電流，ソース－ドレイン電流，ゲート電流を電子と正孔の電流成分に分離測定すると，ソース－ドレイン電流の極性がゲート電圧5V付近で反転する．この反転は低電界・高電界領域で電流成分が異なり，低電界領域では基板からゲート電極に流れる正孔電流が，高電界領域ではインパクトイオン化で生じた正孔電流がそれぞれ支配的なためである．また，低電界領域におけるゲート電流は，ソース－ドレイン電流と基板電流と，高電界領域のゲート電流では，ゲート電極から基板に通過する電子電流とそれぞれ関係している．

5.8.2 特性劣化と対策

MOSFETのNBTIによる特性劣化には，次の四つの要因がある．

1）ゲート長依存性

p-MOSFETのNBTIによる特性劣化はゲート長に依存し，ゲート長が短くなるとともにV_{th}の変動量ΔV_{th}も大きくなる．これはNBTIによる界面準位がゲート酸化膜中で均一に増加するのでなく，ゲート端に集中するためである．

2）拡散ボロン量依存性

NBTIによる特性劣化は，熱処理工程中にp^{+}ゲート電極からホウ素原子が酸化膜中に拡散することが大きく影響する．ホウ素の拡散が大きいほどΔV_{th}も大きくなる．ホウ素の拡散が多い製造プロセスでは，温度と電圧を印加したBTストレスによる界面準位密度の増加量が，ホウ素の拡散が少ない製造条件より大きいことがわかっている．

3）温度・時間依存性

NBTIの温度依存性は，式(5.18)のアレニウスモデルで説明でき，SiO_2や SiONの活性化エネルギーは0.1～0.5eVと比較的小さい．また，特性劣化に

は $t^{1/4}$ の時間依存性がある．

4）電界依存性

NBTI の特性劣化の電界依存性は，TDDB と類似していることから，5.6.2 項で述べた E_{ox} モデルや $1/E_{ox}$ モデルが適用できる．

NBTI の防止対策は，酸化膜経時破壊やホットキャリアのそれと同様に，①ゲート酸化膜中で正孔捕獲準位となる窒素，水素，水分などの低減，②製造プロセスの最適化（Si-SiO_2 界面の安定性など），③ゲート電極からのトンネル電子の低減が挙げられる．

5.9　放射線照射

5.9.1 損傷の種類

半導体デバイスの耐放射線性の向上は，宇宙空間を飛しょうする人工衛星や原子炉などに使用されるシステムの信頼性向上に必要不可欠である．放射線照射（radiation damage）による半導体デバイスの特性劣化は，放射線の種類，照射条件（エネルギー，照射線量，照射線量率，全吸収量，照射温度など），および素子パラメータ（デバイスに使用される材料，製造工程，構造，回路構成，動作条件など）に大きく依存する．

放射線照射によって，構成原子と放射線との相互作用による電子，正孔対の生成と，変位損傷による格子欠陥（**変位損傷**）が形成される．これらは線源やエネルギーで異なり，X 線や γ 線（電磁波）では**コンプトン散乱**による電子，正孔対生成が主であるのに対して，電子，陽子，中性子，α 線や質量と電荷を持つ高エネルギーイオンでは，電子，正孔対の生成と変位損傷が同時に生じる．

半導体デバイスの放射線損傷は，トータルドーズ効果とシングルイベント効果の二つに分類できる．

5.9.2 トータルドーズ効果

5.7 節のホットキャリアや 5.8 節の NBTI 効果と同様に，MOSFET に放射線が照射されると，酸化膜中に発生した電子，正孔対の正孔が Si と SiO_2 界面に捕獲されて閾値電圧が負方向に移動すると同時に，界面準位が増加して相互コンダクタンスも低下する．また，MOSIC のフィールド酸化膜では漏れ電流の増加原因ともなる．**トータルドーズ効果**は，デバイス特性劣化が積算されて最終的には破壊される現象である．

高エネルギーイオンや電子，陽子や中性子は，結晶格子をはじき飛ばして格子欠陥を形成する．この変位損傷によって禁制帯中にキャリア捕獲準位が生成され，キャリアのライフタイム（寿命），密度，移動度などの物性の変化をもたらす．この変化が，太陽電池や光デバイスでは光出力特性の低下や，バイポーラトランジスタにおけるベース電流の増加やコレクタ電流と電流増幅率の減少の原因となる．また，電荷結合素子（**CCD**：charge coupled device）では電荷転送効率の低下要因になる．

変位損傷の定量化には，通過したイオンが単位長さ当りに変位損傷で失うエネルギー量である**非電離エネルギー損失**（**NIEL**：non ionization energy loss）が用いられる．特性劣化に起因する Si の照射欠陥としては，格子間ホウ素，格子間酸素と**空孔**との複合欠陥，2重空孔などがある．

5.9.3 シングルイベント効果

pn 接合に高エネルギー粒子が入射されると，粒子の軌跡に沿って電子，正孔対が発生し，電子は n 側に，正孔は p 側に吸収される．図 5.37 は，**アルファ粒子**（He の原子核）が p 形基板に入射された様子を示す．この**シングルイベント効果**によって CMOSIC やメモリ素子では，逆バイアスした pn 接合近

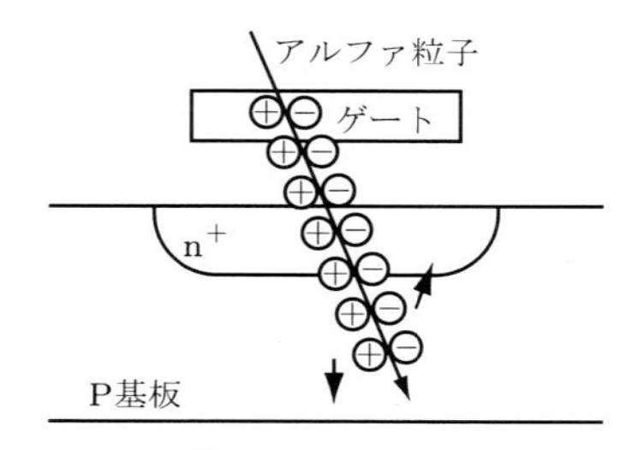

図 5.37　アルファ粒子による電子－正孔対の発生過程

傍に多数の電子，正孔対が発生する．発生した電子，正孔対は，大きな雑音として回路に誤動作を生じさせ，シングルイベントアップセットと呼ばれるメモリの反転やオン，オフ誤動作などのソフトエラーを引き起こす．

ソフトエラーは，パッケージ中や配線材料などに微量にふくまれている放射性物質（ウラン，トリウムなど）から放出されるアルファ粒子が関係し，微細なメモリ素子のソフトエラーは重大な問題である．

アルファ粒子入射によるメモリセルのソフトエラーを“セルモード”，ビット線とセンスアンプのソフトエラーを“ビット線モード”とそれぞれ呼ぶ．セルモードでは，“H”から“L”，ビット線モードでは“H”から“L”と，“L”から“H”にそれぞれ反転する．セルモードが動作サイクル時間内で一定なのに対して，ビット線モードはサイクル時間が短くなるとともに，不良発生数が増加する．これまでに述べたSiデバイスの放射線損傷を表5.9に整理する．

表5.9 Siデバイスの放射線損傷

照射効果	発生個所	特性劣化	対象デバイス
トータルドーズ	SiO_2	閾値電圧の負方向への移動，漏れ電流の増加	MOSトランジスタ
	Si結晶（基板）	g_mの減少，サブスレショホールド電流の増加	MOSトランジスタ
変位損傷	Si結晶（基板）	電流増幅率の低下，ベース電流の増加	バイポーラトランジスタ，太陽電池，CCD
シングルイベント	Si結晶（基板）	ソフトエラー，ラッチアップ	メモリ，CPU

5.9.4 対　策

耐放射線性に優れた半導体デバイスを製造するには，

① 製造プロセス：ゲート酸化膜の低温成長とフッ素添加，2重酸化膜構造の採用．

② 素子構造：アルミナ（Al_2O_3）などの絶縁物の上にSi薄膜を成長させたSOI（silicon on insulator）構造や損傷を補償する回路構成.

③ 材料：キャリア寿命，移動度を考慮したIn系の化合物半導体に利用.

などが提案，実用化されている.

また，アルファ粒子によるソフトエラー耐性向上には，下記の対策が有効である.

① メモリセル容量Csを十分に大きくする.

② SOI基板を使用し，電荷の進入深さを減少する.

③ パッケージと配線材料中の不純物（ウラン，トリウムなど）濃度を下げる.

5.10 機械的応力

5.10.1 pn接合の漏れ電流

ICのシステム化によるチップやパッケージの大型化で，チップが受ける機械的応力が増大している．また，耐湿性向上のために圧縮応力が大きいプラズマSiN膜を使用したICでは，熱応力による配線のずれで断線や短絡などが発生する.

機械的応力がチップに加わると，図5.38に示すようにpn接合の漏れ電流が大幅に増加する．封止樹脂に加わる応力は通常$1 \times 10^6 kg/m^2$程度で，常温では漏れ電流は無視することができる．しかし，高温では，収縮による内部応力が増大すると同時に，樹脂の成分であるシリカが局部的にチップ表面を圧迫する．その結果として，漏れ電流は動作不良を起こす程度に大きくなる．この機械的応力を低減するために，応力の小さい樹脂が採用されている.

5.10.2 多結晶シリコンの抵抗

チップを占有する面積が大きい拡散抵抗に代わって，酸化膜上の多結晶Siが代用されている．この抵抗はフィールド酸化膜上に形成するので，ベース抵

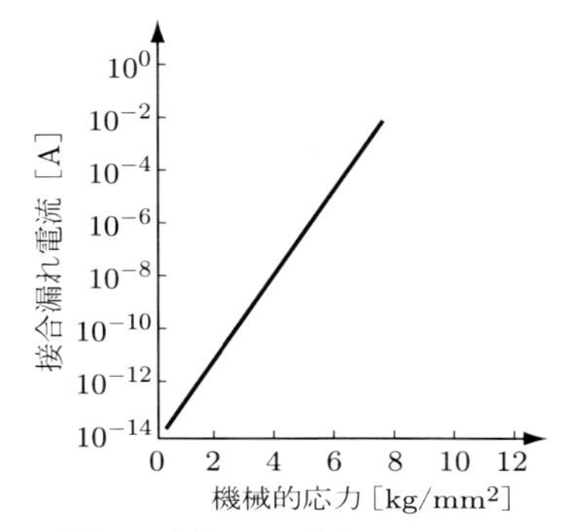

図 5.38 機械的応力と pn 接合の漏れ電流との関係

抗に比べて浮遊容量（エピタキシャル層と基板間）を小さくすることができる．多結晶 Si の利用によって IC の高周波特性が向上し，また，パターンの高密度化や積層化が期待できる．しかし，ホウ素を注入した多結晶 Si における抵抗の高温連続バイアス（BT）試験を行った場合，図 5.39 に示すように抵抗は時間経過とともに増大し，高温保存試験でも不安定な挙動をすることがわかっている（図 5.40）．これは，抵抗値が引張り応力となり増加（3.5GPa の引張り応力では抵抗値が 3％増加）するためである．これに対して，リン（P）を注入した多結晶 Si では，抵抗は機械的応力だけでは変化しない．

ここで観測された BT 試験や高温保存における抵抗変化の挙動の違いは，ホウ素とリンの伝導機構の相違によると考えられている．ホウ素の場合は**熱電子電界放出**（thermionic field emission）と**熱電子放出**（thermionic emission）が

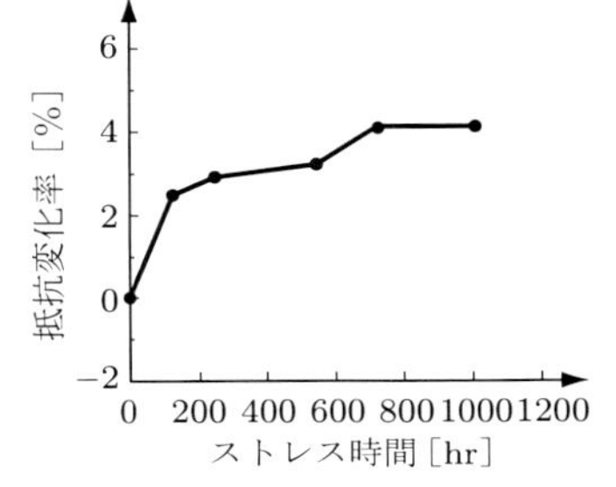

図 5.39 高温連続動作（Ta = 150℃）における多結晶 Si 抵抗の経時変化

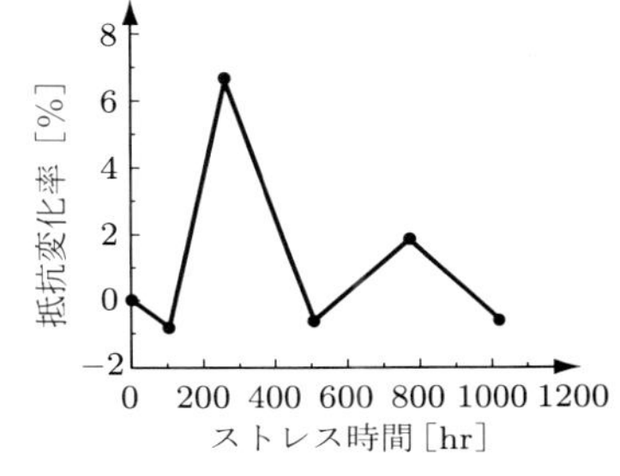

図 5.40 高温保存（Ta = 175℃）における多結晶 Si 抵抗の経時

支配的であるのに対して，リンの場合は，リン原子によって結晶粒界付近に形成された界面準位を介して伝導が起こる．またホウ素を注入した多結晶 Si が応力依存性を持つのに対して，リンを注入した抵抗では応力変化に対して安定である．

5.11　集積回路の故障原因と対策

図 5.41 は，図 5.9 で示したバスタブカーブに本章で述べた IC の各故障原因とそれが発生する時期を付記したものである．

先に述べたように，**初期故障**は製造プロセス上の不良が主に起因し，故障率は時間の経過とともに低下し安定した状態に落ち着く．これに対して**偶発故障**は，半導体デバイスの寿命を決定する領域で故障率はほぼ一定である．**摩耗故障**は特定の故障原因による故障率が急増加し，デバイスの終焉とみなされる．

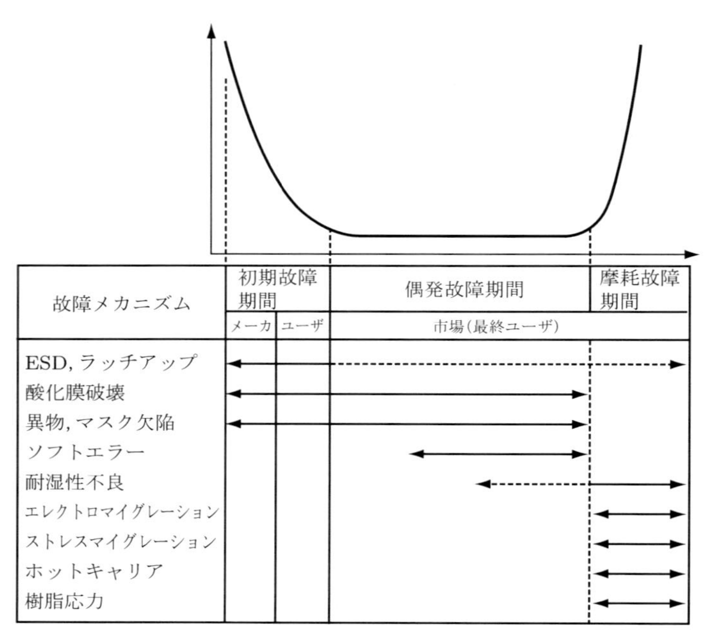

図 5.41　IC の故障率と故障原因との関係

半導体デバイスの寿命は応用機器の寿命に比べて十分に長く，システムの信頼性に関係するのは初期故障と偶発故障の二つである．

初期故障期間に関連する潜在的な不良は，故障原因と適合した信頼性試験（たとえば，高温通電や温度サイクル）でそのほとんどをスクリーニング（除去）することが可能であるが，摩耗故障領域における不良を除去するには，設計開発工程と製造工程において，次の点を考慮しなければならない．

1）設計開発工程

設計開発要素（回路設計，パターンレイアウト，デバイス構造設計，プロセス仕様，材料）は，表5.10に示すように，故障原因と密接に結びついており，それぞれの信頼性向上が，故障を減少させる最重要課題である．

表5.10 設計開発段階での各要素と故障原因との関係

		故障原因					
		ESD，ラッチアップ	酸化膜経時変化	エレクトロマイグレーション	ストレスマイグレーション	ホットキャリア	NBTI
設計開発段階での各要素	回路設計	○		○		○	○
	パターンレイアウト	○		○	○	○	
	デバイス構造設計		○	○		○	
	プロセス仕様		○	○	○		○
	材　料		○	○	○	○	○

2）製造工程

製造装置の各種条件，製造環境（クリーンルームの精度），製造装置の異物，ICのでき栄えなどを徹底的に管理することで，製造目標（仕様）のばらつきや微細化による故障率の増加（図5.41中の矢印方向）を抑制し，信頼性の高いICを製造することができる．

第5章のまとめ

- MOSICの信頼性予測にはワイブル分布の関連パラメータの推定が有効である.
- MOSICの信頼性評価のために，各種ストレス印加の加速試験によって，寿命が推定できる.
- MOSICの故障原因には，ゲート酸化膜の膜質が大きく影響すると同時に，外部ストレスとしての静電気や放射線，ならびに配線の下地構造なども起因する.

参考文献

第1章

［1］ http://www.edresearch.co.jp/

［2］ http://strj-jeita.elisasp.net/strj/

［3］ 菅野卓雄，川西剛：半導体大辞典，工業調査会（1999）.

［4］ 鈴木五郎：システム LSI 設計入門，コロナ社（2003）.

［5］ 安食恒雄：半導体デバイスの信頼性技術，日科技連出版会（1988）.

［6］ 日経マイクロデバイス，5月号，日経 BP 社（2005）.

第2章

［1］ 大山英典，葉山清輝：半導体デバイス工学，森北出版（2004）.

［2］ 國岡昭夫，上村喜一：基礎半導体工学，朝倉書店（1985）.

［3］ 三菱電機技術研修所（編）：わかりやすい半導体デバイス，オーム社（1996）.

［4］ 高橋清：半導体工学　第2版，森北出版（1993）.

［5］ 古川静二郎，荻田陽一郎，浅野種正：電子デバイス工学，森北出版（1990）.

［6］ 宮井幸男：集積回路の基礎，森北出版（1991）.

［7］ 柳井久義，永田穣：新版　集積回路工学（1），コロナ社（2005）.

第3章

［1］ 谷口研二：LSI 設計のための CMOS アナログ回路入門，CQ 出版社（2004）.

［2］ Dan Clein : CMOS IC Layout Concepts, Methodologies, and Tools, Newnes (1999).

［3］ Alan Hastings : The Art of Analog Layout, Prentice Hall (2000).

［4］ 青木 英彦：アナログ IC の機能回路設計入門―回路シミュレータ SPICE を使った IC 設計法，CQ 出版社（1992）.

［5］ 押山保常，相川孝作，辻井重男，久保田一：改訂　電子回路，コロナ社（1983）.

［6］ 坂本康正：基礎から学ぶ電子回路，共立出版（1998）.

［7］ Behzad Razavi，黒田忠広（訳）：アナログ CMOS 集積回路の設計　基礎編，丸善（2003）.

[8] Yuan Taur, Tak H. Ning, 芝原健太郎（訳）：タウア・ニン 最新 VLSI の基礎，丸善（2002）.

第4章

[1] 柳井久義，永田穣：新版 集積回路（1），コロナ社（2005）.
[2] 宮入圭一，中村修平：固体電子工学，森北出版（1994）.
[3] 柳井久義，永田穣：改訂 集積回路（2），コロナ社（1987）.
[4] 中村哲郎，石田誠，臼井支郎：集積回路技術の実際，産業図書（1987）.
[5] 菅野卓雄，川西剛（監）：半導体大辞典，工業調査会（1999）.
[6] 柳井久義：半導体ハンドブック（第2版），オーム社（1981）.
[7] SEAJ Journal 別冊：半導体製造装置とその最新技術，（社）日本半導体製造装置協会（1999）.
[8] 日本半導体製造装置協会（編）：半導体製造装置用語集，日刊工業新聞社（2006）.

第5章

[1] 塩見弘：信頼性工学入門，丸善（1982）.
[2] 平成14年度故障物理研究委員会研究成果報告書，最新 VLSI 要素技術（酸化膜と多層配線）の信頼性と微細化限界，R-14-RS-01，日本電子部品信頼性センター（2003）.
[3] C. Y. Chang, S. M. Sze: ULSI Technology, McGraw-Hill, New York（1996）.
[4] 平修二，大谷隆一：材料の高温強度論，オーム社（1980）.
[5] S. M. Sze: Physics of Semiconductor Devices, 2nd ed., Wiley, New York（1981）.
[6] 津屋英樹（編）：ウェーハ表面完全性の創成・評価技術第1章，サイエンスフォーラム（1998）.
[7] T. Hori: Gate Dielectrics and MOS ULSIs, Springer-Verlag, Berlin Heidelberg（1997）.
[8] C. Claeys, E. Simoen: Radiation Effects in Advanced Semiconductor Materials, Springer（2002）.
[9] C. Hu: Advanced MOS device physics, VLSI Electronic Microstructure Science, vol. 18, Academic Press, New York（1989）.
[10] Y. Leblebici and S. M. Kang: Hot-carrier reliability of MOS VLSI circuits, Kluwer Academic Publishers, Massachusetts（1993）.

索　引

英数字

あ行

か行

さ行

た行

な行

は行

ま行

や行

ら行

わ行

付表1　Ge，Si，GaAsの性質（300K）

項目 ＼ 材料		Ge	Si	GaAs
移動度（ドリフト）[m^2/V·s]	電子	0.39	0.15	0.85
	正孔	0.19	0.06	0.04
禁制帯幅 [eV]		0.80	1.12	1.43
原子密度 [m^{-3}]		4.42×10^{28}	5.0×10^{28}	2.21×10^{28}
原子量		72.6	28.1	114.6
格子定数 [Å]		5.56	5.43	5.65
仕事関数 [eV]		4.4	4.8	4.7
真性キャリア密度 [m^{-3}]		2.5×10^{18}	1.6×10^{16}	1.1×10^{15}
価電子帯の有効状態密度 [m^{-3}]		6.1×10^{18}	1.02×10^{19}	7.0×10^{18}
伝導帯の有効状態密度 [m^{-3}]		1.4×10^{25}	2.8×10^{25}	4.7×10^{24}
比誘電率		16	11.8	10.9
密度 [kg/m^3]		5.33×10^3	2.33×10^3	5.23×10^3
有効質量 [kg]（$m_0 = 9.1 \times 10^{-31}$ [kg] 静止質量）	電子	$0.22 \times m_0$	$0.33 \times m_0$	$0.068 \times m_0$
	正孔	$0.30 \times m_0$	$0.52 \times m_0$	$0.5 \times m_0$
融点 [℃]		937	1420	1238

付表2　関連物理定数表

名称	数値
真空中の光速度	$c = 2.998 \times 10^8$ [m/s]
電子の電荷	$-q = -1.602 \times 10^{-19}$ [C]
電子の静止質量	$m_0 = 9.109 \times 10^{-31}$ [kg]
電子の比電荷	$q/m_0 = 1.759 \times 10^{11}$ [C/kg]
電子の古典半径	$r_0 = 2.818 \times 10^{-15}$ [m]
陽子（水素原子核）の質量	$m_p = 1.673 \times 10^{-27}$ [kg]
真空中の透磁率	$\mu_0 = 1.257 \times 10^{-6}$ [H/m]
真空中の誘電率	$\varepsilon_0 = 8.854 \times 10^{-12}$ [F/m]
プランク定数	$h = 6.626 \times 10^{-34}$ [J·s]
ボルツマン定数	$\kappa = 1.381 \times 10^{-23}$ [J/K]
アボガドロ数	$N_0 = 6.022 \times 10^{23}$ [mol^{-1}]
ボーア半径	$\gamma_i = 5.292 \times 10^{-11}$ [m]
リドベリ数	$R_\infty = 1.097 \times 10^7$ [m^{-1}]
電子のコンプトン波長	$\lambda_C = 2.426 \times 10^{-12}$ [m]
水素のイオン化エネルギー	$W_i = 13.599$ [eV]
電子ボルト	1 [eV] $= 1.602 \times 10^{-19}$ [J]

（理科年表2008年版に準拠）

付表３　半導体デバイスの技術開発の歴史

半導体世代	年	主なデバイス	設計ルール	ウェーハサイズ
トランジスタ	1947	トランジスタの発見		
	1948	接合形トランジスタの発明		
	1952	IC の概念		
IC(バイポーラ)	1955	GaAs 発光ダイオード開発		
	1956	Si トランジスタの開発		
	1957	FET の開発		
	1958	IC の開発，機能ブロック素子発表， マイクロモジュール発表		
	1959	Si プレーナ IC 開発		
IC(MOS)	1961	国産 IC 発表		32mm
	1962	デジタル IC 生産開始		
	1964	MOSIC の発表，厚膜 IC(SLT)発表	15～10μm	40mm
	1968	1k ビット DRAM 構想，CMOSIC の発表		50mm
LSI	1970	1k ビット DRAM 開発， GaAs 半導体レーザ室温連続発振	8～5μm	60mm
	1971	4ビットマイコンの開発， FAMOS，EEPROM 発明		
	1972	8ビットマイコンの開発		75mm
	1973	1μm 加工技術発表		
	1976	64k ビット DRAM 開発	3～2μm	100mm
	1978	16ビットマイコン開発		
VLSI	1980	HEMT 開発，FLOTOX メモリ開発	～1μm	125mm
	1982	1M ビット DRAM 開発，DSP 開発		
	1983	32ビット MPU 開発		
	1985	4M ビット DRAM 開発， 256k フラッシュメモリ開発	～0.8μm	150mm
	1988	16M ビット DRAM 開発		
	1989	64ビット MPU 開発		
ULSI	1990	64M ビット DRAM 開発	0.5～0.3μm	200mm
	1991	4M ビット NAND 型フラッシュメモリ開発		
	1993	256M ビット DRAM 開発， 青色発光ダイオード開発		
	1995	1G ビット DRAM 開発		
	1997	銅配線技術開発	0.3～0.2μm	
	1998	1GHz 動作 MPU 開発		
	1999	128ビットマイコン開発		
システム LSI	2000	0.25μm ルール1k ビット MRAM 開発	0.18～0.13μm	300mm
	2001	1G ビットフラッシュメモリ開発		
	2003	32M ビット FeRAM 開発		
	2005	16G ビット NAND フラッシュ開発， 統合プロセッサ「Cell」開発	0.09μm (90nm)	

DSP : digital signal processor
EEPROM : electrically erasable and programmable read only memory
FAMOS : floating gate avalanche injection metal oxide semiconductor
FeRAM : ferroelectric random access memory
FLOTOX : floating gate tunnel oxide
HEMT : high electron mobility transistor
MPU : micro processor unit
MRAM : magnetoresistive random access memory

(IC ガイドブック（2006年版） 社団法人　電子情報技術産業協会（JEITA））

著　者　略　歴

大山　英典（おおやま・ひでのり）

1982 年　豊橋技術科学大学修士課程修了
1991 年　熊本電波高専助教授，工学博士
1992 年　文部科学省（旧文部省）長期在外研究員（IMEC，ベルギー）
1993 年　IMEC 客員研究員
2000 年　熊本電波高専教授，現在に至る
専門分野　半導体デバイスの放射線損傷機構

中林　正和（なかばやし・まさかず）

1980 年　大阪府立大学修士課程修了
1980 年　三菱電機(株)入社
2002 年　熊本大学大学院自然科学研究科博士課程修了，博士（工学）
2003 年　(株)ルネサステクノロジ，現在に至る
専門分野　半導体の信頼性，パワーデバイスのライフタイム制御

葉山　清輝（はやま・きよてる）

1991 年　豊橋技術科学大学修士課程修了
1992 年　豊橋技術科学大学技術開発センター助手
1997 年　博士（工学）
2000 年　熊本電波高専助教授
2003 年　文部科学省長期在外研究員（IMEC，ベルギー）
2007 年　熊本電波高専准教授，現在に至る
専門分野　半導体デバイスの放射線損傷機構

江口　啓（えぐち・けい）

1999 年　熊本大学大学院自然科学研究科博士課程修了，博士（工学）
1999 年　熊本電波高専講師
2001 年　熊本電波高専助教授
2006 年　静岡大学助教授
2007 年　静岡大学准教授，現在に至る
専門分野　回路システム

MOS 集積回路の
設計・製造と信頼性技術

2008 年 4 月 4 日　第 1 版第 1 刷発行

著　　者　大山英典・中林正和・葉山清輝・江口　啓
発 行 者　森北博巳
発 行 所　**森北出版株式会社**
東京都千代田区富士見 1-4-11（〒 102-0071）
電話 03-3265-8341 ／ FAX 03-3264-8709
http://www.morikita.co.jp/
日本書籍出版協会・自然科学書協会・工学書協会　会員
JCLS <（株）日本著作出版権管理システム委託出版物>

落丁・乱丁本はお取替えいたします　　印刷 / 太洋社・製本 / 協栄製本

Printed in Japan ／ ISBN978-4-627-77381-3

MOS 集積回路の設計・製造と信頼性技術［POD 版］

2025 年 1 月 15 日発行

著者　大山英典・中林正和・葉山清輝・江口　啓

印刷　ワコー
製本　ワコー

発行者　森北博巳
発行所　森北出版株式会社
〒102-0071　東京都千代田区富士見 1-4-11
03-3265-8342（営業・宣伝マネジメント部）
https://www.morikita.co.jp/

ISBN978-4-627-77389-9